普通高校计算机类应用型本科

系列规划教材

基于Proteus实例的微机原理与接口技术

宋启祥　孙　佐　吴　楠　编著

Principles of Microcomputer and Interface Technology Based on Proteus Examples

中国科学技术大学出版社

内 容 简 介

为适应应用型本科教育，本书将理论知识融合在Proteus仿真电路实例设计中，加强实践应用及课程设计，减少纯理论教学内容。全书共9章，第1章介绍Proteus ISIS电路图的绘制方法；第2章介绍8086常用的控制、地址、数据引脚的功能及连线方法；第3章介绍汇编语言的常用指令及编程方法；第4章介绍存储器芯片的应用与容量扩展；第5～9章介绍几个典型接口芯片及相关应用，包括计数器/定时器8253、并行接口8255、中断控制器8259、串行接口8251、数模转换器DAC0832和模数转换器ADC0809。

本书内容安排上注重系统性、先进性和实用性，内容丰富，图文并茂，既可作为计算机、电气工程、电子信息等相关专业学生的课程教材，也可供相关自学者、工程技术人员参考使用。

图书在版编目(CIP)数据

基于Proteus实例的微机原理与接口技术/宋启祥，孙佐，吴楠编著.—合肥：中国科学技术大学出版社，2016.8(2023.1重印)
ISBN 978-7-312-04002-3

Ⅰ.基…　Ⅱ.①宋…　②孙…　③吴…　Ⅲ.①微型计算机—理论—高等学校—教材　②微型计算机—接口技术—高等学校—教材　Ⅳ.TP36

中国版本图书馆CIP数据核字(2016)第149976号

出版　中国科学技术大学出版社
安徽省合肥市金寨路96号，230026
http://press.ustc.edu.cn
印刷　合肥市宏基印刷有限公司
发行　中国科学技术大学出版社
开本　787 mm×1092 mm　1/16
印张　9.75
字数　225千
版次　2016年8月第1版
印次　2023年1月第2次印刷
定价　30.00元

前　言

目前，国内的“微机原理与接口技术”教材大多为理论型教材，虽然知识点详细、覆盖面广，但理论较枯燥抽象，缺乏实际应用训练，不能满足应用型本科理论联系实际、学以致用的需要。

为了增强硬件教学质量，提高学生的学习积极性，本书将理论与实例融合，每章通过设计实例讲解相关概念，将理论式学习转变为实例式学习，更适合应用型本科教育。各章节内容知识点覆盖全面，实例前后连贯、层层递进，难易度及芯片类型选择得当，理论知识与实例讲解紧密结合，课后设置难度适当提高的挑战练习。

本书共 9 章，第 1 章介绍 Proteus ISIS 电路图的绘制方法；第 2 章介绍 8086 常用的控制、地址、数据引脚的功能及连线方法；第 3 章介绍汇编语言的常用指令及编程方法；第 4 章介绍存储器芯片的应用与容量扩展；第 5～9 章介绍几个典型接口芯片及相关应用，包括计数器/定时器 8253、并行接口 8255、中断控制器 8259、串行接口 8251、数模转换器 DAC0832 和模数转换器 ADC0809。

读者通过对本书的学习，可熟练掌握微机各组成部分对应芯片的工作原理，能够利用芯片设计 Proteus 仿真电路完成相应功能，提高实践创新能力。本书提供包含配套实例、习题源程序及教学视频的资料（下载网址：http://pan.baidu.com/s/1bo2MM3l），既可作为高等院校的专业课教材，也可供相关技术人员及自学者学习参考。

限于编者水平有限，书中难免有不当之处，恳请专家和读者批评指正。

编　者

2016 年 3 月

目　　录

前言 …………………………………………………………………………………………（ i ）

第 1 章　Proteus ISIS 介绍 ……………………………………………………………（ 1 ）
1.1　工作界面 ……………………………………………………………………………（ 1 ）
1.2　设计步骤 ……………………………………………………………………………（ 2 ）
1.2.1　选取元件 ………………………………………………………………………（ 2 ）
1.2.2　放置元件 ………………………………………………………………………（ 3 ）
1.2.3　放置电源、地 …………………………………………………………………（ 4 ）
1.2.4　电路图布线 ……………………………………………………………………（ 4 ）
1.2.5　交互仿真 ………………………………………………………………………（ 6 ）
1.2.6　设置元件属性 …………………………………………………………………（ 6 ）
1.2.7　输出电路图 ……………………………………………………………………（ 9 ）

第 2 章　8086 CPU ………………………………………………………………………（ 10 ）
2.1　控制引脚 ……………………………………………………………………………（ 11 ）
2.2　地址、数据引脚 ……………………………………………………………………（ 14 ）
2.2.1　时序 ……………………………………………………………………………（ 14 ）
2.2.2　地址、数据引脚 ………………………………………………………………（ 16 ）
2.2.3　74LS273 ………………………………………………………………………（ 17 ）

第 3 章　汇编语言程序设计 ……………………………………………………………（ 24 ）
3.1　顺序结构实例 ………………………………………………………………………（ 24 ）
3.1.1　源程序 …………………………………………………………………………（ 24 ）
3.1.2　汇编语言程序格式 ……………………………………………………………（ 25 ）
3.1.3　8086 CPU 的寄存器 …………………………………………………………（ 26 ）
3.1.4　设计步骤 ………………………………………………………………………（ 27 ）
3.1.5　调试步骤 ………………………………………………………………………（ 29 ）
3.1.6　补充 ……………………………………………………………………………（ 29 ）
3.2　分支结构实例 ………………………………………………………………………（ 29 ）
3.2.1　源程序 …………………………………………………………………………（ 30 ）

3.2.2 转移指令 …………………………………………………………（30）
3.2.3 分支结构常用格式 …………………………………………………（31）
3.2.4 设计、调试步骤 ……………………………………………………（31）
3.3 循环结构实例 …………………………………………………………（32）
3.3.1 源代码 ……………………………………………………………（32）
3.3.2 循环结构常用格式 …………………………………………………（33）
3.3.3 变量定义 …………………………………………………………（33）
3.3.4 设计、调试步骤 ……………………………………………………（34）

第4章 存储器 …………………………………………………………（35）
4.1 RAM芯片举例 …………………………………………………………（35）
4.1.1 连线 ………………………………………………………………（35）
4.1.2 源程序 ……………………………………………………………（40）
4.1.3 寻址方式 …………………………………………………………（41）
4.1.4 调试运行 …………………………………………………………（43）
4.2 ROM芯片举例 …………………………………………………………（43）
4.2.1 连线 ………………………………………………………………（45）
4.2.2 源程序 ……………………………………………………………（48）
4.2.3 调试运行 …………………………………………………………（48）
4.3 RAM、ROM芯片组合举例 ………………………………………………（49）
4.3.1 连线 ………………………………………………………………（51）
4.3.2 源程序 ……………………………………………………………（53）
4.3.3 调试运行 …………………………………………………………（55）

第5章 可编程计数器/定时器8253 …………………………………………（57）
5.1 方式0、方式1举例 ……………………………………………………（57）
5.1.1 方式0、方式1 ……………………………………………………（59）
5.1.2 连线 ………………………………………………………………（60）
5.1.3 8253的初始化 ……………………………………………………（65）
5.1.4 源程序 ……………………………………………………………（66）
5.1.5 调试运行 …………………………………………………………（67）
5.2 方式2、方式3举例 ……………………………………………………（67）
5.2.1 方式2、方式3 ……………………………………………………（68）
5.2.2 8253连线 …………………………………………………………（70）
5.2.3 源程序 ……………………………………………………………（74）
5.2.4 调试运行 …………………………………………………………（74）
5.3 方式4、方式5举例 ……………………………………………………（75）

第 6 章　可编程并行接口芯片 8255 ……………………………………………（77）
6.1　方式 0:基本输入、输出方式举例 ……………………………………（77）
6.1.1　连线 ……………………………………………………………（77）
6.1.2　8255 的控制字 ……………………………………………………（81）
6.1.3　源程序 ……………………………………………………………（82）
6.1.4　调试运行 …………………………………………………………（83）
6.2　方式 1:选通输入、输出方式举例 ……………………………………（84）
6.2.1　选通输入方式举例 ………………………………………………（84）
6.2.2　选通输出方式举例 ………………………………………………（88）
6.3　方式 2:双向总线输入、输出方式举例 ………………………………（93）

第 7 章　可编程中断控制器 8259 ……………………………………………（95）
7.1　中断 ……………………………………………………………………（97）
7.1.1　中断分类 …………………………………………………………（97）
7.1.2　中断向量 …………………………………………………………（97）
7.1.3　可屏蔽中断响应过程 ……………………………………………（98）
7.1.4　中断嵌套 …………………………………………………………（99）
7.2　连线 ……………………………………………………………………（100）
7.2.1　8086 ………………………………………………………………（100）
7.2.2　8255 ………………………………………………………………（101）
7.2.3　8259 ………………………………………………………………（102）
7.2.4　74LS138 …………………………………………………………（103）
7.3　8259 的命令字 …………………………………………………………（104）
7.3.1　初始化命令字 ……………………………………………………（104）
7.3.2　操作命令字 ………………………………………………………（106）
7.4　源程序 …………………………………………………………………（108）
7.5　调试运行 ………………………………………………………………（110）

第 8 章　可编程串行通信接口芯片 8251 ………………………………………（111）
8.1　串行通信 ………………………………………………………………（112）
8.1.1　同步通信 …………………………………………………………（112）
8.1.2　异步通信 …………………………………………………………（112）
8.1.3　波特率 ……………………………………………………………（112）
8.2　连线 ……………………………………………………………………（112）
8.2.1　8251 ………………………………………………………………（112）
8.2.2　74LS138 …………………………………………………………（118）

8.3 8251 的编程 ………………………………………… (119)
8.3.1 方式字 ………………………………………… (119)
8.3.2 命令字 ………………………………………… (120)
8.3.3 状态字 ………………………………………… (120)
8.3.4 编程流程 ………………………………………… (121)
8.4 源程序 ………………………………………… (122)
8.5 调试运行 ………………………………………… (123)

第 9 章 数模(D/A)和模数(A/D)转换 ………………………………………… (124)
9.1 数模转换 ………………………………………… (124)
9.1.1 数模转换 ………………………………………… (124)
9.1.2 连线 ………………………………………… (126)
9.1.3 源程序 ………………………………………… (129)
9.1.4 调试运行 ………………………………………… (130)
9.2 模数转换 ………………………………………… (131)
9.2.1 模数转换 ………………………………………… (132)
9.2.2 连线 ………………………………………… (133)
9.2.3 源程序 ………………………………………… (137)
9.2.4 调试运行 ………………………………………… (138)

附录 8086 常用汇编指令及伪指令 ………………………………………… (140)

参考文献 ………………………………………… (148)

第 1 章　Proteus ISIS 介绍

本章知识点

Proteus 的基本操作包括选取元件、放置元件、电路图布线、设置元件属性、运行仿真。

Proteus 是英国 Lab Center Electronics 公司出版的电子设计自动化仿真工具软件，由 ISIS 和 ARES 两个软件构成。其中，ISIS 是原理图编辑与仿真软件，ARES 是布线编辑软件。本书通过编写多个 Proteus ISIS 仿真实例来形象地学习“微机原理与接口技术”这门课程。

本章将学习使用 Proteus ISIS 软件的一些基本操作。

【实例要求】 通过开关控制发光二极管的亮灭。

图 1.1 为本例的 ISIS 电路连接图。

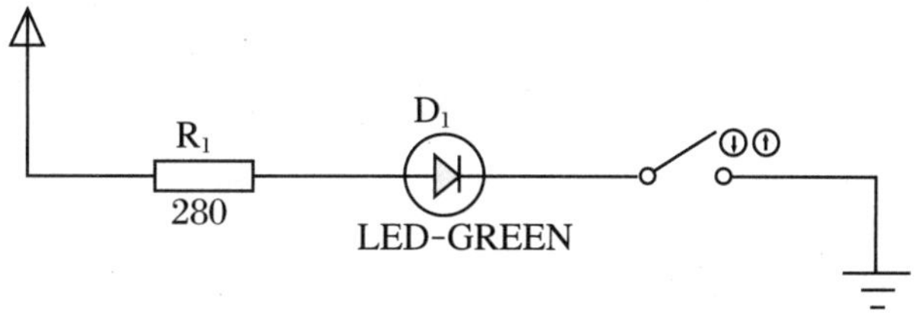

图 1.1　开关控制亮灭实例图

1.1　工 作 界 面

首先启动 Proteus ISIS 程序，进入 ISIS 工作界面，如图 1.2 所示。

工作界面包括标题栏、主菜单、标准工具栏、预览窗口、对象选择按钮、预览对象方位控制按钮、对象选择器窗口、绘图工具栏、仿真进程控制按钮、图形编辑窗口和状态栏。

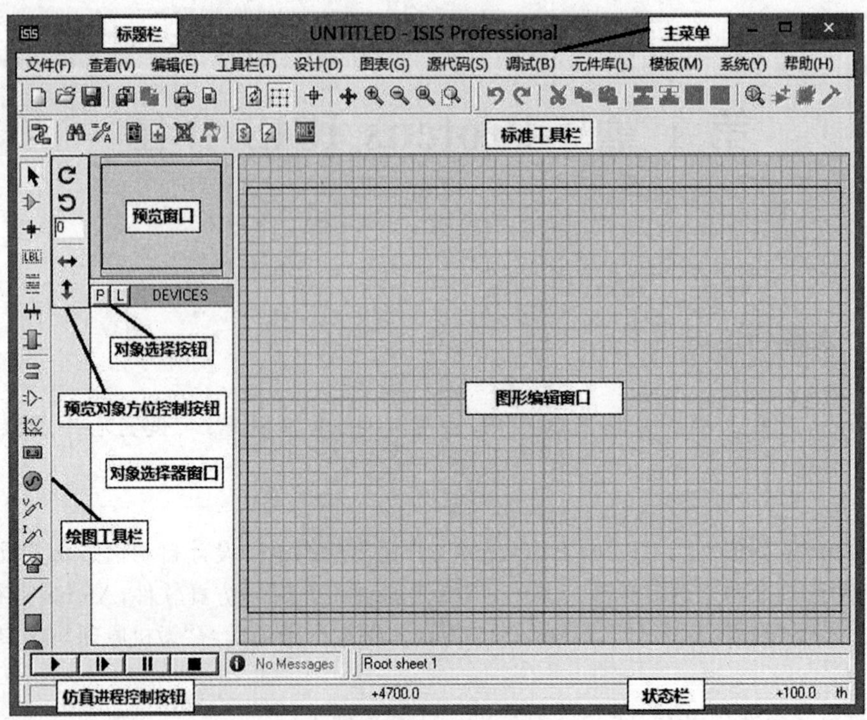

图 1.2 工作界面

1.2 设计步骤

1.2.1 选取元件

本实例采用了三个元件，即绿色发光二极管(LED-GREEN)、限流电阻(RES)和开关(SWITCH)。

先要从元件库中找到这些元件，步骤如下：

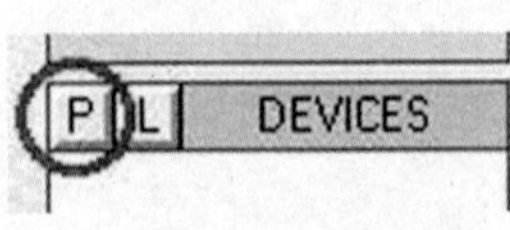

图 1.3 "P"按钮

① 在绘图工具栏中"选择模式"或"元件模式"选中的情况下，单击图 1.3 中进行对象选择的"P"按钮，弹出如图1.4所示的选择元件对话框。

② 在对话框左上角"关键字"一栏中输入元件名称"LED-GREEN"，出现与关键字匹配的元件列表。

③ 选中并双击 LED-GREEN 所在行，或单击 LED-GREEN 所在行后再单击"确定"按钮，将元件 LED-GREEN 加入到对象选择窗口中。

按此操作方法完成另外两个元件——RES 和 SWITCH 的选取，将被选取的元件都加入到对象选择窗口中，如图 1.5 所示。

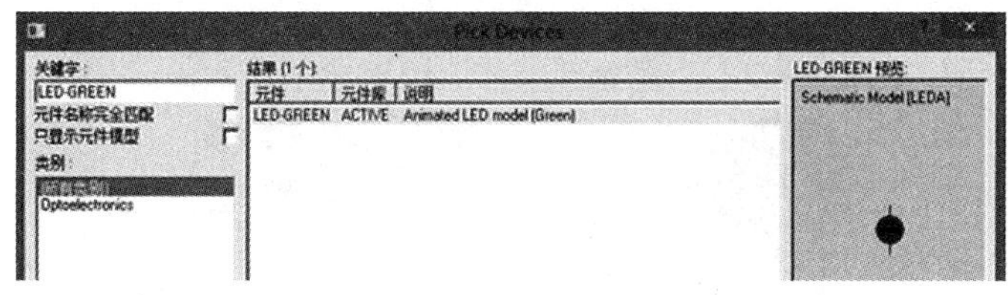

图 1.4　选择元件对话框

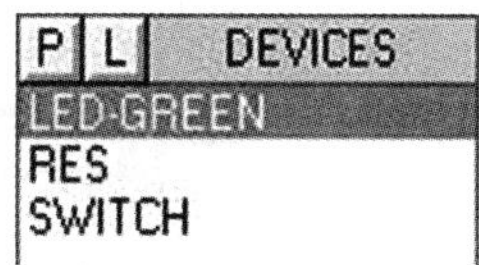

图 1.5　对象选择窗口

1.2.2　放置元件

接下来将这些元件加入到电路图中，相关操作如下：

1. 选中

单击对象选择窗口中的元件名，蓝色条出现在元件名上代表选中，同时该元件的原理图出现在预览窗口。

2. 调整摆放方向

放置元件前通过“对象方位控制”按钮 调整，元件放置好后也可通过单击鼠标右键在弹出菜单中选择需要的旋转方向。

3. 放置

在图形编辑窗口中单击鼠标左键会出现元件虚像，将鼠标移动到合适的位置后，再次单击左键就可将元件放置于该位置了。

4. 删除

在某元件上单击两次右键可以删除该元件，或者单击一次右键后在弹出菜单中选择“删除对象”选项。

5. 移动

先左键单击元件使其处于选中状态（高亮红色），再按住鼠标左键拖动，元件就跟随指针移动，到达目的地后，松开鼠标即可。

6. 多个对象的同时操作

按住鼠标左键拖出方框，可选中方框中的多个元件及其连线，随后可进行相关操作。

7. 调整显示区域尺寸、位置

操作过程中，可以通过预览窗口看到元件大致的摆放情况，如图 1.6 所示。其中外部（蓝色）方框为图纸范围，元件一定要放置在蓝色方框内部；内部（绿色）方框为图形编辑窗口显示范围，按住鼠标中键滚动，将以鼠标停留点为中心，缩放显示范围。在绿色窗口内部按住鼠标左键拖动，可以改变显示区域的位置。

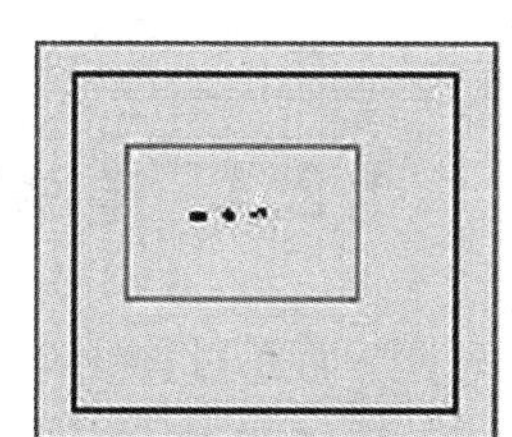

图 1.6　预览窗口

通过上述操作，将三个元件放到图形编辑窗口中的合适位置，如图 1.7 所示。

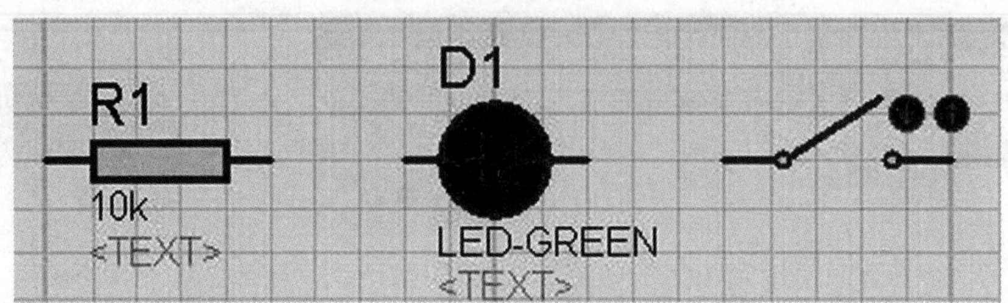

图 1.7　放置元件

1.2.3　放置电源、地

接着放置电源和地。

先找到电源元件，单击绘图工具栏中的"终端模式"按钮 ，在对象选择窗口中单击"POWER"（电源，默认电压+5 V），如图 1.8 所示。选中后在图形编辑窗口中合适的位置放置电源。

同样在"终端模式"中选择"GROUND"（地）放置在图形编辑窗口中。完成后如图 1.9 所示。

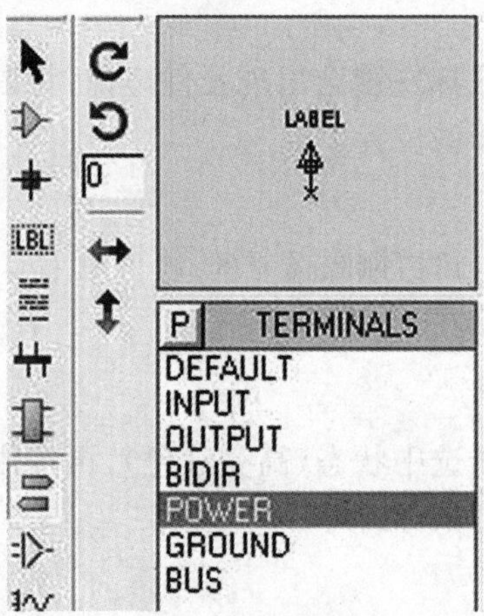

图 1.8　终端模式

1.2.4　电路图布线

下面通过连线将各元件连接起来。

1. 自动连线

系统会自动捕捉端点，当光标靠近引脚或连线末端时该处会自动感应出现一个"□"，表示在此点可以单击画线，如图 1.10(a)所示。相继单击 RES 和 LED-GREEN 元件两端，会自动生成连线，如图 1.10(b)所示。

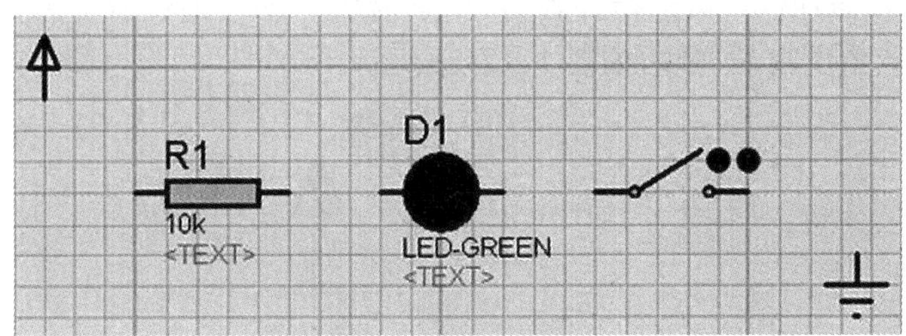

图 1.9　放置电源和地

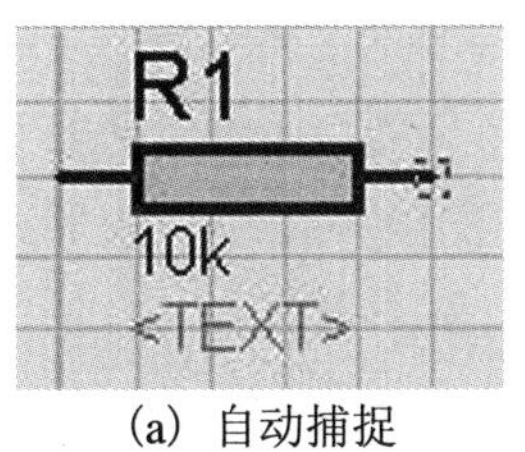

(a) 自动捕捉

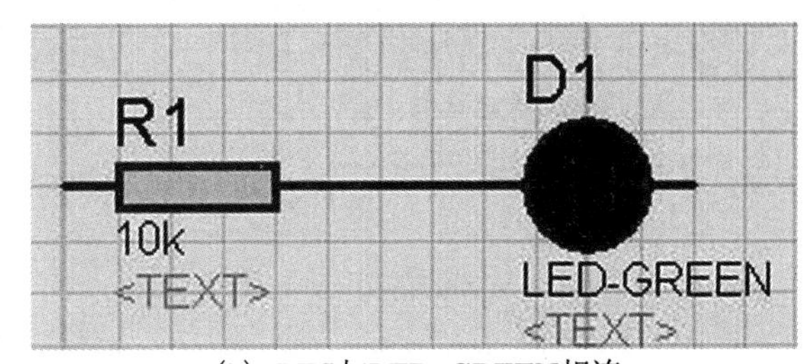

(b) RES与LED-GREEN相连

图 1.10　自动连线

2. 角度连线

在连接 RES 和 POWER 的过程中，要进行手工直角画线。可以直接相连，系统会自动生成合理的直角连线，如图 1.11(a)所示；也可以移动鼠标在欲出现直角的位置单击，如图 1.11(b)所示。

若要画任意角度的线，在移动鼠标的过程中按住 Ctrl 键，移动指针，预画线自动随指针呈任意角度呈现，确定后单击即可，如图 1.11(c)所示。

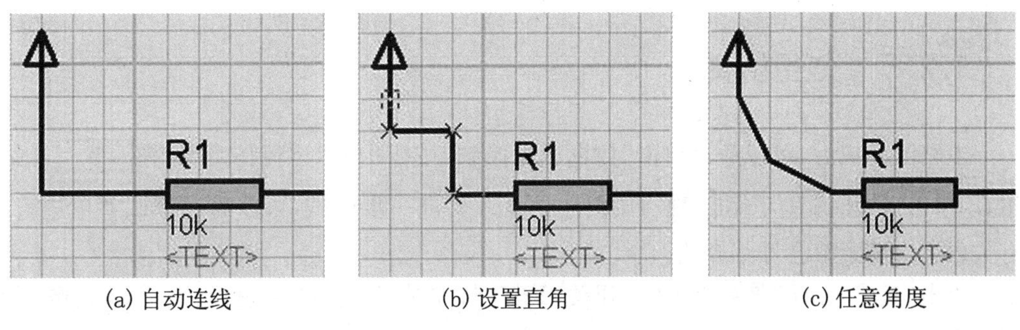

(a) 自动连线　　(b) 设置直角　　(c) 任意角度

图 1.11　角度连线

3. 移动连线

单击绘图工具栏中的“选择模式”按钮 后，鼠标移动到连线上时指针变为“手形”，单击左键选中连线，连线呈高亮红色显示。

连线选中时，鼠标指针若为“双箭头”，则可拖动鼠标沿垂直方向移动，相连的线会跟随移动，如图 1.12(a)所示；鼠标指针若为“十字箭头”，即当前位置为拐点或斜线上任意一点时，可以任意角度拖动连线，如图 1.12(b)所示。

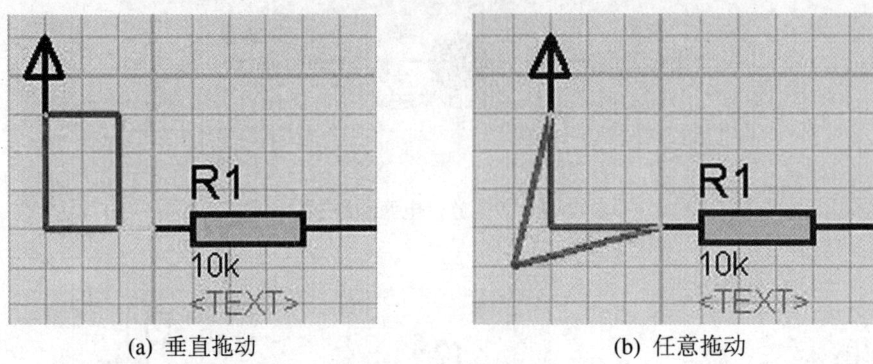

(a) 垂直拖动　　(b) 任意拖动

图 1.12　移动连线

各元件全部连接完成后，如图 1.13 所示。

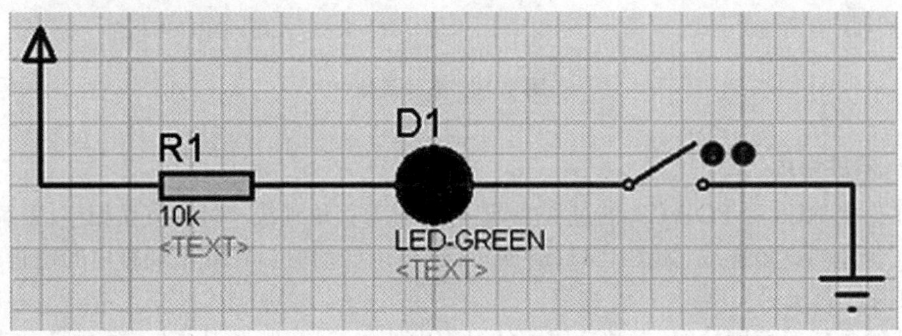

图 1.13　连线完成图

1.2.5　交互仿真

电路图完成后，可以通过单击“仿真进程控制”按钮中的“运行仿真”按钮 ▶ 开始仿真，单击“停止仿真”按钮 ■ 则终止仿真。要进一步调试，可以通过调试菜单进行，有关内容后面章节会详细介绍。

单击“运行仿真”按钮后闭合开关，LED 灯本应变亮，结果没反应，仿真失败，如图 1.14 所示。

电路图没错，那么是什么地方出现问题了呢？

1.2.6　设置元件属性

本例中设置了限流电阻 RES，从图 1.14 中可看到其默认阻值大小为 10 kΩ，正是这个默认值导致了电路工作不正常。可以通过修改其阻值大小使 LED 灯正常工作。

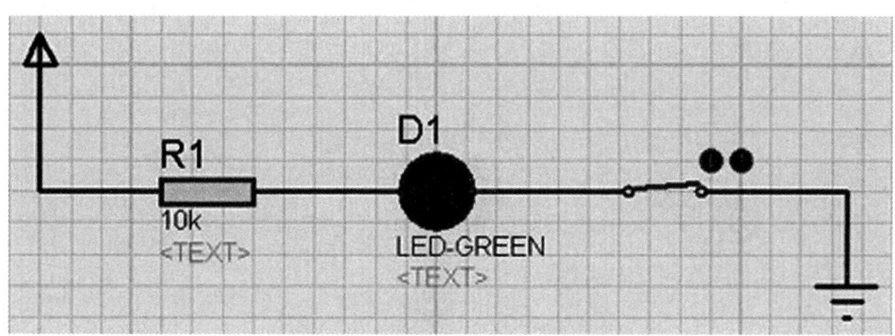

图 1.14　闭合开关后 LED 灯没亮

Proteus 元件库中的元件都有相应的属性，可以通过对元件双击鼠标左键打开“编辑元件属性”对话框后设置修改。

首先对 LED-GREEN 双击左键，打开“编辑元件属性”对话框，部分属性如图 1.15 所示。其中，“Forward Voltage”（正向电压）为 2.2 V，“Full drive current”（全驱动电流）为 10 mA，电路所接电源电压 POWER 为 5 V，所以限流电阻的阻值应为 $(5-2.2)/0.01=280\ \Omega$。

元件标注：	D1
元件型号：	LED-GREEN
Model Type:	Analog
Forward Voltage:	2.2V
Full drive current:	10mA

图 1.15　LED-GREEN 部分属性

再双击限流电阻 $R1$，打开“编辑元件属性”对话框，部分属性如图 1.16 所示，将“Resistance”（电阻值）由“10 k”改为“280”，如图 1.17 所示。

元件标注：	R1
Resistance:	10k

图 1.16　RES 部分属性

元件标注：	R1
Resistance:	280

图 1.17　将电阻值改为“280”

属性修改完成后，电路图中 $R1$ 的阻值即由"10 k"变为"280"，如图 1.18 所示。

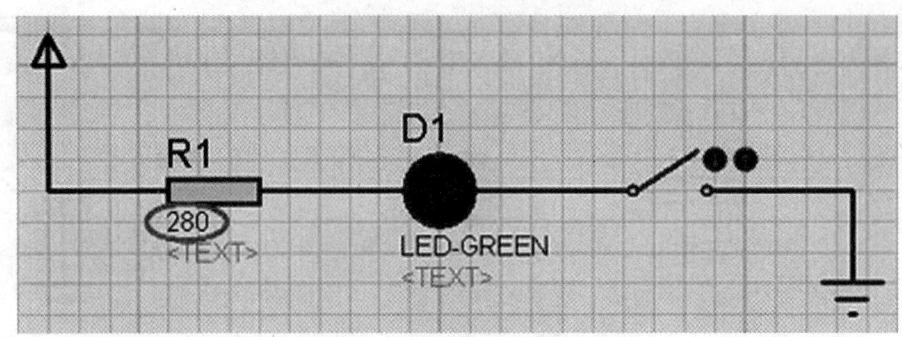

图 1.18　修改后的电路图

双击元件时注意鼠标对准的位置。对准电阻本身时，电阻外有(红色)方框，如图 1.19(a)所示；双击打开的是"编辑元件属性"对话框，如图 1.19(b)所示。

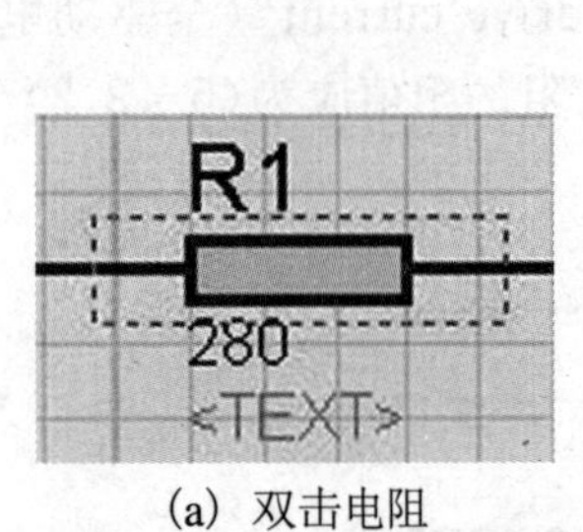

(a) 双击电阻

(b) "编辑元件属性"对话框

图 1.19　打开"编辑元件属性"对话框

对准电阻的标签"280"时标签外有(红色)方框，如图 1.20(a)所示，打开的是"编辑元件值"对话框，如图 1.20(b)所示。修改任意一个值，相关联的两个值都会同时改变。

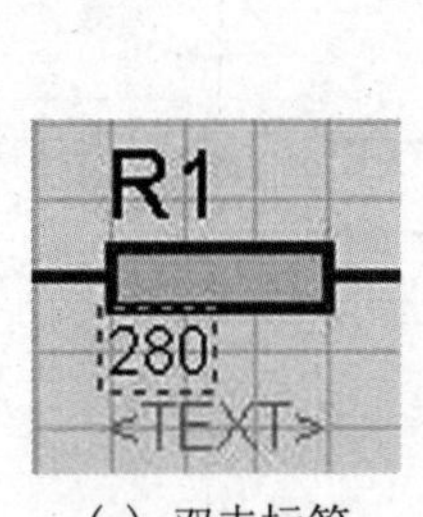

(a) 双击标签

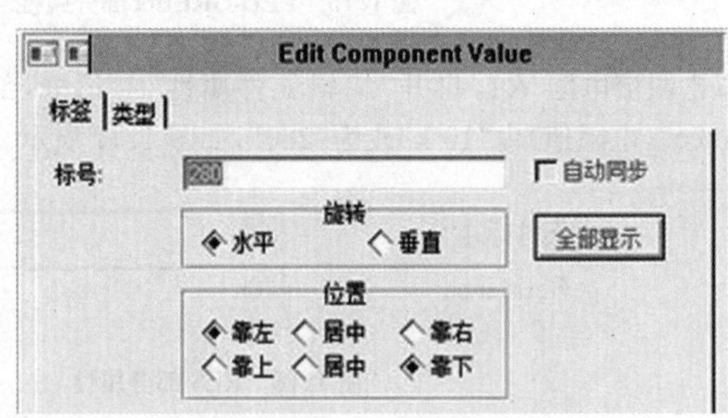

(b) "编辑元件值"对话框

图 1.20　打开"编辑元件值"对话框

再次单击“运行仿真”按钮，闭合开关，LED灯正常点亮，仿真成功，如图1.21所示。

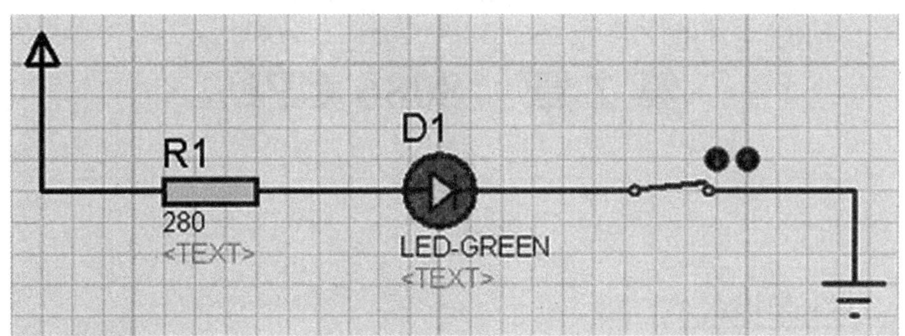

图1.21　开关闭合后LED灯点亮

1.2.7　输出电路图

为了方便查看，可以将电路图保存为独立的位图文件，有以下两种方法：

① 在“文件”菜单中，选择“输出图形”选项中的“输出位图文件”，打开输出位图文件对话框，范围为“当前页面”，设置适当的分辨率及文件名后确定，这样整张图纸（预览窗口的蓝色方框范围）将保存为一个位图文件（.BMP）。

② 若图纸范围较大而电路图较小，可在“文件”菜单中，选择“设置区域”选项，框选需要输出的电路图区域，完成后为灰色方块，如图1.22所示。再选择“输出位图文件”，范围变为“标记区域”。

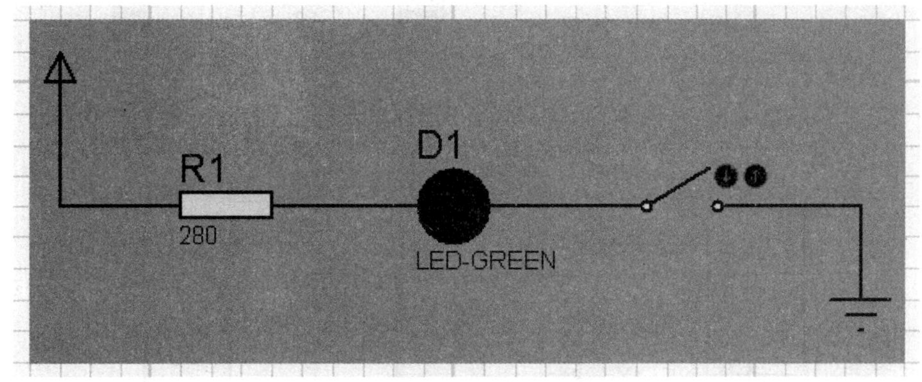

图1.22　设置区域

将红、绿、蓝三个发光二极管并联，通过三个开关分别控制其亮灭。

第 2 章　8086 CPU

本章知识点

1. 8086 CPU 的主要控制、地址、数据引脚功能及连接方法。
2. 时序及相关概念：时钟周期、总线周期、指令周期。
3. $\overline{\text{BHE}}$和 A0 引脚对存储器奇、偶地址库的选择方法。
4. 总线式引脚连接方法、成批标签添加方法。

Intel 8086 是 16 位微处理器，外形为 40 引脚双列直插式，时钟频率为 5 MHz，数据总线 16 位，地址总线 20 位，可寻址 1 MB 内存空间。

本章将学习 8086 CPU 的引脚功能、系统结构及时序等相关概念。

【实例要求】 在最小模式下对 8086 的各控制线、数据线及地址线进行连接，其中地址信号利用 74LS273 锁存。

图 2.1 是本例的 ISIS 电路连接图。

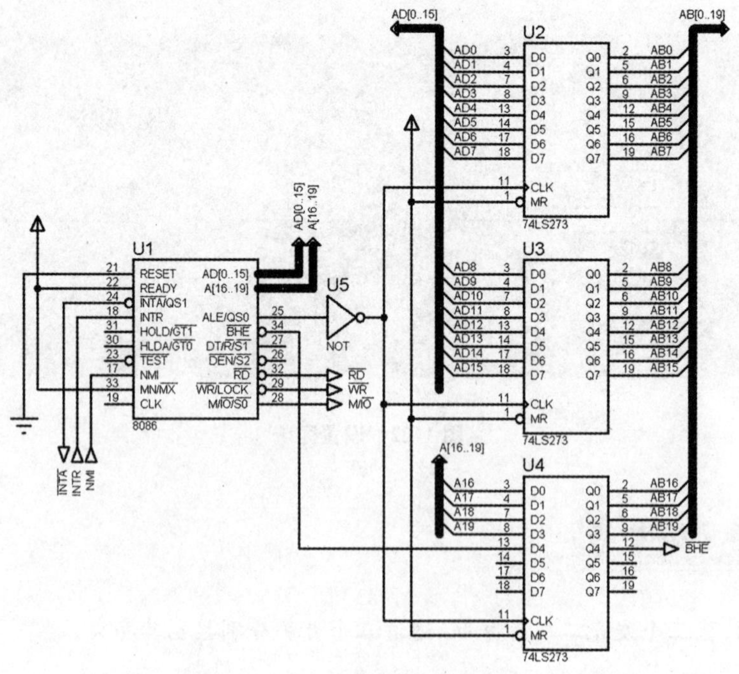

图 2.1　8086 CPU 实例图

2.1 控制引脚

首先，在 Proteus 元件库中找到 8086 芯片加入到图形编辑窗口中。根据工作模式不同，8086 的同一个引脚（24～31 号）可能有两种功能，本例只介绍最小模式下的引脚功能。

根据传输信号不同，8086 CPU 的引脚可分为三种，即控制引脚、数据引脚及地址引脚，分别对应控制总线（CB）、数据总线（DB）和地址总线（AB）。

控制引脚用来传输控制、状态信号，有输入引脚，也有输出引脚。图 2.2 是 8086 主要控制引脚的连接图，下面介绍各控制引脚的功能。

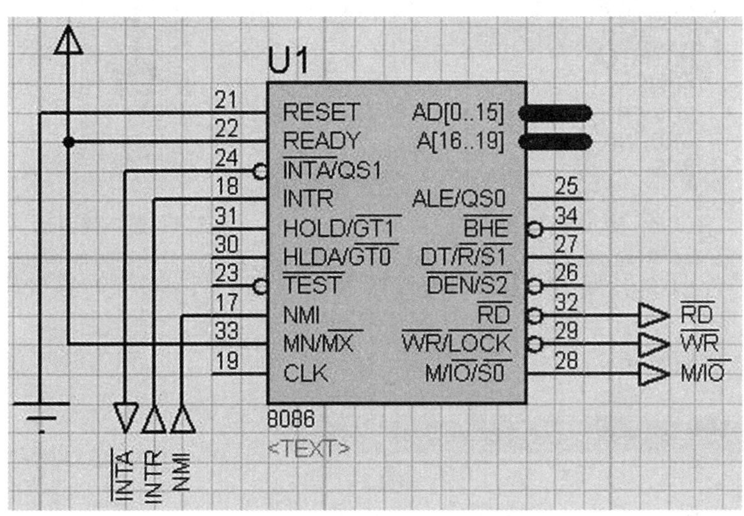

图 2.2 主要控制引脚连接图

1. RESET

复位信号，输入，高电平有效。当该引脚有效时，CPU 停止当前操作，置 CS 寄存器为全 1 即 FFFFH，其余寄存器全清 0。因为 CPU 要执行的下一条指令的地址为 CS：IP＝FFFFH：0000H＝FFFF0H（详情见第 3 章），通常在 FFFF0H 单元开始的几个单元里存放跳转指令以找到启动系统的初始化程序。

本例中 RESET 引脚接地不允许复位，通常 RESET 引脚连接按钮可随时执行复位操作。

2. READY

准备就绪信号，输入，高电平有效。该引脚接收来自存储器或外设的响应信号，有效时表示存储器或外设已准备好，CPU 可对其读写。

本例中 READY 引脚接电源表示始终准备好，可随时传送数据。

3. $\overline{\text{INTA}}$, INTR, NMI

这三个引脚都是中断相关信号，详情见第 7 章。

- $\overline{\text{INTA}}$：中断响应信号，输出，低电平有效。
- INTR：可屏蔽中断请求信号，输入，高电平有效。
- NMI：不可屏蔽中断请求信号，输入，高电平有效。

本例中，为标明信号传输方向，三个引脚分别连接“终端模式” 中的输入端和输出端，如图 2.3 所示，在以后的实例中再连接到具体芯片引脚上。

先将$\overline{\text{INTA}}$引脚连接输出端元件，接着编辑输出端标签，操作步骤如下：

将鼠标放在输出端元件上，元件四周出现（红）框，如图 2.4 所示。双击左键出现编辑终端标签对话框，将$\overline{\text{INTA}}$的标号栏改写为“ $INTA$ ”，如图 2.5 所示。

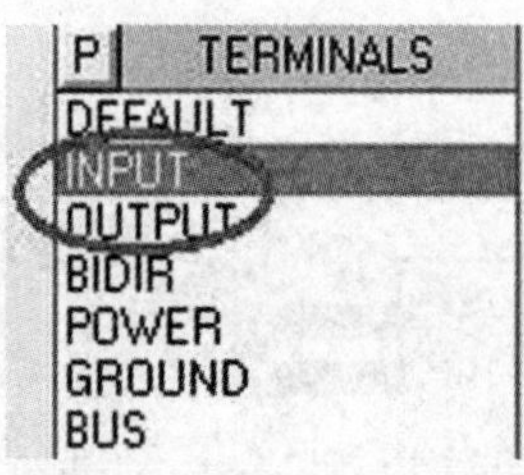

图 2.3　输入端、输出端

图 2.4　选中输出端

同样将另外两个引脚 INTR、NMI 连接到输入端元件，终端标签分别为“INTR”“NMI”。

编辑标签后如图 2.6 所示。

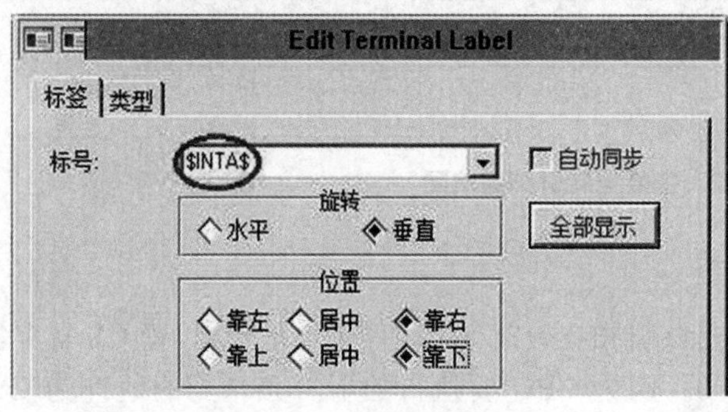

图 2.5　编辑$\overline{\text{INTA}}$标签

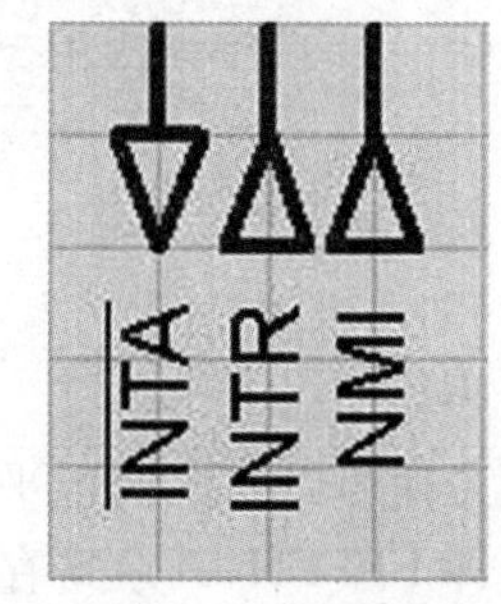

图 2.6　三个中断相关信号

4. MN/$\overline{\text{MX}}$

最小/最大工作模式选择信号，输入。其值如下：

- 0：最小工作模式，用于单处理器系统，CPU 提供总线控制信号。
- 1：最大工作模式，用于多处理器系统，总线控制器 8288 提供总线控制信号。

本例中只有一个 8086 CPU，故 MN/$\overline{\text{MX}}$引脚并接 READY 引脚接电源，选择最小工作模式。

5. $\overline{RD}$

读选通信号,输出,低电平有效。该引脚有效时表示 CPU 可从存储器或外设读取数据。

本例中$\overline{RD}$引脚接输出终端供以后使用,终端标签为" RD "。

6. $\overline{WR}$

写选通信号,输出,低电平有效。该引脚有效时表示 CPU 可将数据写入存储器或外设。

本例中$\overline{WR}$引脚接输出终端供以后使用,终端标签为" WR "。

7. M/$\overline{IO}$

存储器/外设端口选择信号,输出,低电平有效。地址总线同时连接存储器和外设端口,需根据本引脚的值做选择。其值如下:

- 0:选择外设端口。
- 1:选择存储器。

本例中 M/$\overline{IO}$引脚接输出终端供以后使用,终端标签为"M/$ IO$ "。

8. CLK

系统时钟信号,输入。该引脚应连接 8284 时钟发生器产生的 5 MHz 时钟信号,使 8086 的时钟频率为 5 MHz。

Proteus 元件库中的 8086 芯片可以设置内部时钟频率为 5 MHz,本例中 CLK 引脚通过设置内部时钟,不再接外部时钟信号。

右键单击 8086 芯片,在弹出菜单中选择"编辑属性"选项,打开"编辑元件属性"对话框,"时钟频率"(Clock Frequency)项默认为 5 MHz,如图 2.7 所示。

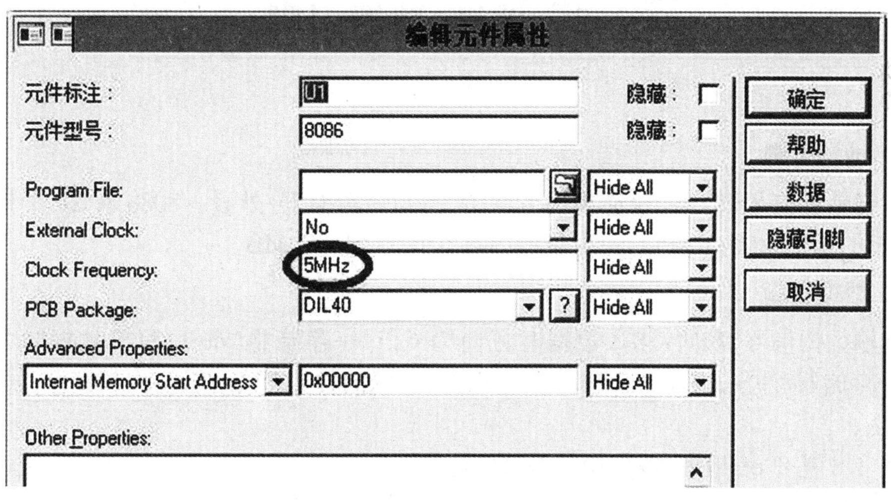

图 2.7　编辑 CLK 属性

9. 其他

下面这些控制信号在本例中未接线。

(1) HOLD

总线请求信号，输入，高电平有效。该引脚有效时表示有外设向 CPU 请求使用总线，主要用于 DMA（直接存储器存取）操作中。

(2) HLDA

总线响应信号，输出，高电平有效。该引脚有效时表示 CPU 让出总线使用权，外设可以使用总线，为 HOLD 的响应信号。

(3) $\overline{\text{TEST}}$

测试信号，输入，低电平有效。该引脚有效时表示 CPU 结束等待状态，继续执行被暂停的指令。

(4) $\overline{\text{DEN}}$

数据允许传送信号，输出，低电平有效。为了提高总线负载能力，可在系统中增加数据收发器，如 8 位双向数据缓冲器 74LS245，以增加数据驱动能力。该引脚常用作数据收发器的选通信号。

(5) DT/$\overline{\text{R}}$

数据发送/接收控制信号，输出。其值如下：

· 0：CPU 接收存储器/外设的数据，$\overline{\text{RD}}$有效。

· 1：CPU 向存储器/外设发送数据，$\overline{\text{WR}}$有效。

该引脚常用于控制数据收发器的数据传送方向。

(6) VCC、GND

VCC 为 +5 V 电源（40 号引脚），GND 为地线（1 号、20 号引脚）。Proteus 元件库中 8086 芯片的这三个引脚默认为连接好状态，在模型中未出现。

2.2 地址、数据引脚

1. 地址引脚

传输地址信号，输出，地址传输方向为 CPU→存储器/外设。8086 有 20 个地址引脚，系统的地址总线为 20 位，可寻址的内存空间为 2^{20} = 1 MB。

2. 数据引脚

传输数据信号，双向，读入数据时方向为 CPU←存储器/外设，写出数据时方向为 CPU→存储器/外设。8086 有 16 个数据引脚，系统的数据总线位数及内部寄存器位数均为 16 位。

图 2.8 是 8086 地址、数据相关引脚的连接图。

因地址引脚和数据引脚采用分时复用方式，接下来先介绍跟时间有关的时序概念。

2.2.1 时序

为了使数据能够正确地传送，计算机的各信号需要按照一定的顺序在固定的时间内传送，这就是时序。下面是三个和固定时间有关的概念。

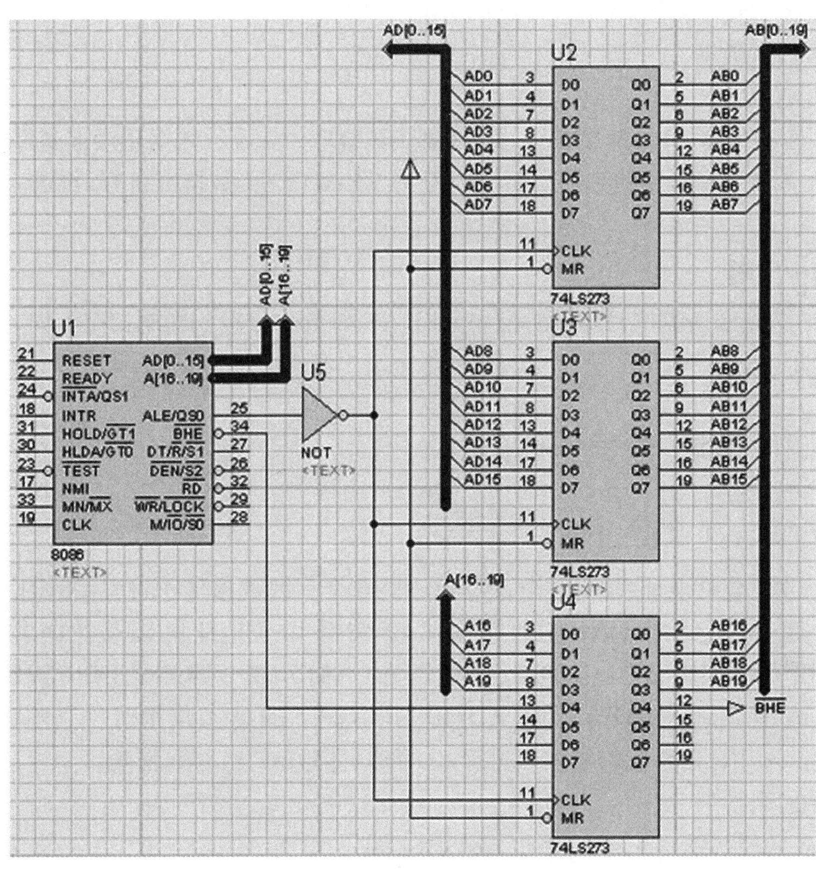

图 2.8　地址、数据相关引脚连接图

1. 时钟周期

时钟脉冲变化一次的时间称为时钟周期，记作 T，是计算机中最基本的时间单位。每秒钟时钟脉冲变化的次数称为时钟频率，记作 F，$F=1/T$。时钟脉冲是连接到 CLK 引脚控制 CPU 工作的基本脉冲，图 2.9 是仿真出来的时钟脉冲波形图。8086 的时钟频率是5 MHz，时钟周期为 1/5 MHz＝200 ns。

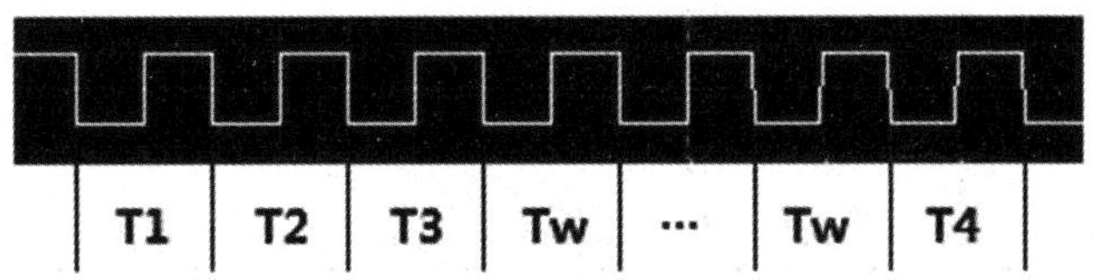

图 2.9　时钟脉冲

2. 总线周期

CPU 完成一次存储器/外设读写需要的时间称为总线周期。完成一次总线操作一般需要 4 个时钟周期，分别记作 T1、T2、T3、T4，如图 2.9 所示。

· T1:传送地址。

· T2:传送读/写控制信号。

· T3:传送数据。

· T4:结束。

其中,若存储器/外设速度较慢,T3 周期 READY = 0 表示数据还没准备好,就在 T3 和 T4 间插入若干个附加的时钟周期 Tw,直到 READY = 1 数据准备好,再进入 T4 完成传送。

3. 指令周期

执行一条指令所需的时间称为指令周期。不同指令的指令周期长短不同,通常由几个总线周期组成。

2.2.2 地址、数据引脚

1. AD[0..15]、A[16..19]

8086 CPU 包括地址引脚 20 个,数据引脚 16 个。因数据传送过程中地址数据不同时发送,一定是先传送地址后传送数据,故 8086 将低 16 位地址和 16 位数据采用分时复用方式共用 16 个引脚 AD0～AD15,T1 传送 A0～A15,T2～T4 传送 D0～D15。

Proteus 中 AD0～AD15 记为 AD[0..15],剩下的高 4 位地址 A16～A19 记为 A[16..19],采用蓝色粗线的总线式引脚,比普通引脚方式更简洁、清晰。

2. $\overline{\text{BHE}}$

高 8 位数据总线允许信号,输出,低电平有效。

8086 的 20 位地址线可寻址 2^{20} = 1 MB 的内存空间,分为奇地址库和偶地址库。奇地址库连接高 8 位数据总线,偶地址库连接低 8 位数据总线,可以分别选通,控制 CPU 每次传送 8 位或 16 位数据。高 8 位奇地址库由$\overline{\text{BHE}}$引脚选通,低 8 位偶地址库由 A0 引脚选通,功能组合如表 2.1 所示。

表 2.1 $\overline{\text{BHE}}$和 A0 功能组合

$\overline{\text{BHE}}$	A0	操　作	总线使用
0	0	从偶地址开始读/写一个字	AD0～AD15
0	1	从奇地址开始读/写一个字节	AD8～AD15
1	0	从偶地址开始读/写一个字节	AD0～AD7
1	1	无效	无
0	1	从奇地址开始读/写一个字	AD8～AD15
1	0		AD0～AD7

3. ALE

地址锁存允许信号,输出,高电平有效。AD 引脚是分时复用的,先传送的地址信息 A0～A19、$\overline{\text{BHE}}$需要在 ALE 的下降沿(从高电平到低电平的跳变)时存入锁存器,以保证地址不会丢失。

下面介绍怎样将地址信号锁存起来以供 T2～T4 周期使用。

2.2.3 74LS273

AD 引脚在 T1 周期传送地址后，T2～T4 周期将传送数据。为了保证该地址信号依然有效，需将地址存入一个寄存器，且在 T2～T4 周期即使传来了新数据，原数据也不会改变，这就是锁存。

74LS273 是一种 8 位锁存器，一次可以保存 8 位数据。A0～A19、$\overline{\text{BHE}}$ 共有 21 位地址相关信息需要锁存，故需要 3 片 74LS273。

在 Proteus 元件库中找到 74LS273 芯片，在图形编辑窗口中放置 3 片后如图2.10所示。

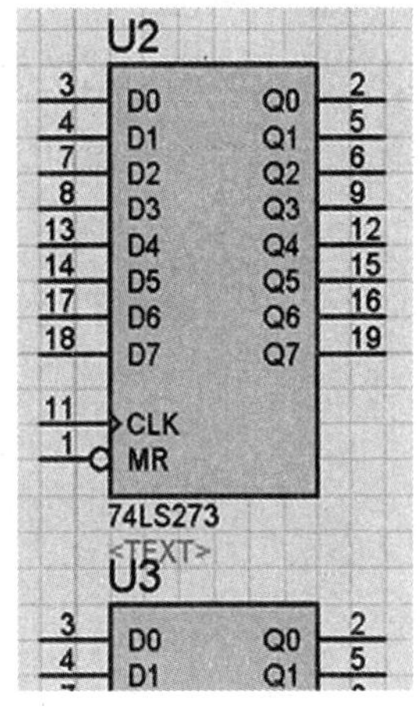

图 2.10 74LS273 引脚图

1. D0～D7

8 个数据输入引脚。

本例中，需将 A0～A19 对应的 AD[0..15]、A[16..19]以及 $\overline{\text{BHE}}$ 引脚连接到 3 片 74LS273 的 21 个 Dx 引脚上。

先连接 8086 的总线式引脚 AD[0..15]和 U2、U3 芯片的 16 个 Dx 引脚，步骤如下：

(1) 为 U2、U3 芯片的 Dx 引脚画一条总线。单击绘图工具栏中的“总线模式”按钮 ，在图形编辑窗口中单击鼠标左键后拖动，此时连线为(蓝色)粗线即总线，拖动到合适位置后双击左键结束画线，如图 2.11 所示。

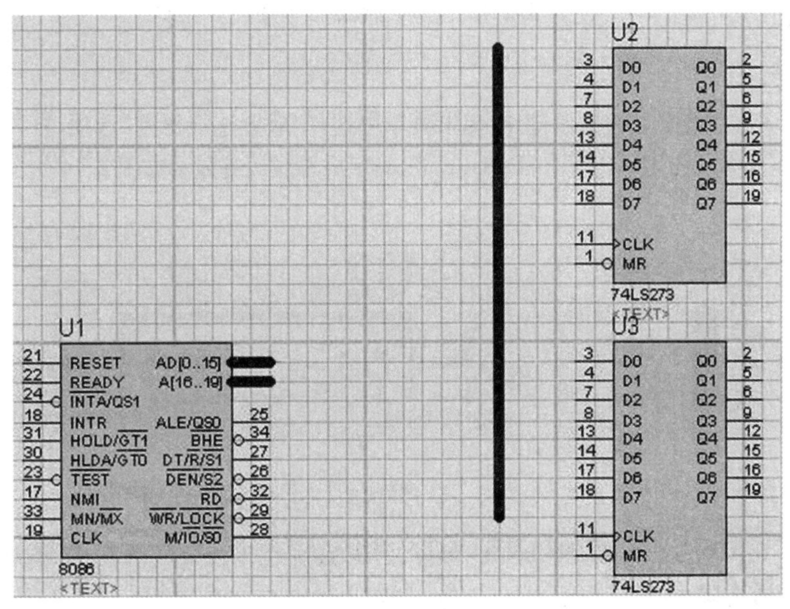

图 2.11 绘制总线

(2) 为了使总线正常工作,需用“终端法”或“标签法”标明总线对应的对象,普通连线也可以使用这两种方法。

① 终端法。

单击绘图工具栏中的“终端模式”按钮 ,在对象选择窗口中选择“BUS”(总线),放置在图形编辑窗口中的合适位置,如图 2.12 所示。

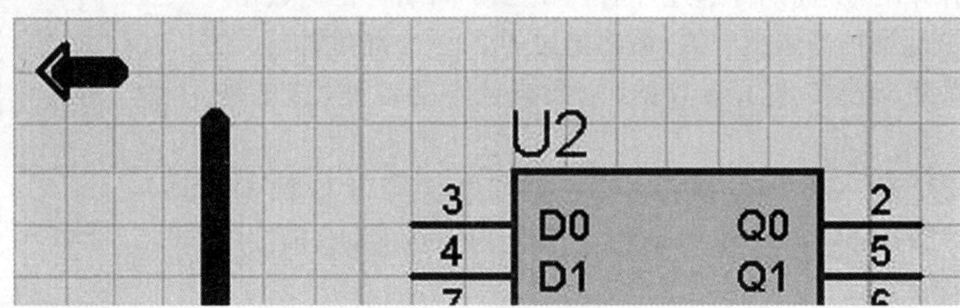

图 2.12　添加总线终端

单击总线终端末端,拖动后与前一条垂直总线相连。双击总线终端,打开编辑终端标签对话框,在“标号”栏中填入“AD[0..15]”,确定后总线终端标签显示如图 2.13 所示。

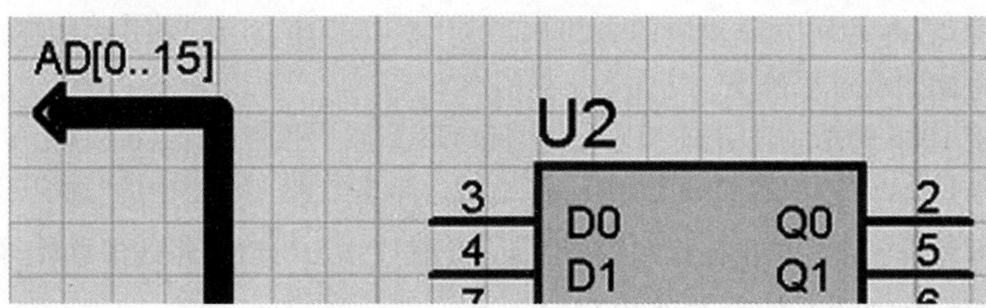

图 2.13　添加总线终端标签

② 标签法。

鼠标放置在总线上后单击右键,在弹出菜单中选择“放置连线标签”选项,打开“编辑连线标签”对话框,在“标号”栏中填入“AD[0..15]”,确定后总线标签显示如图 2.14 所示。

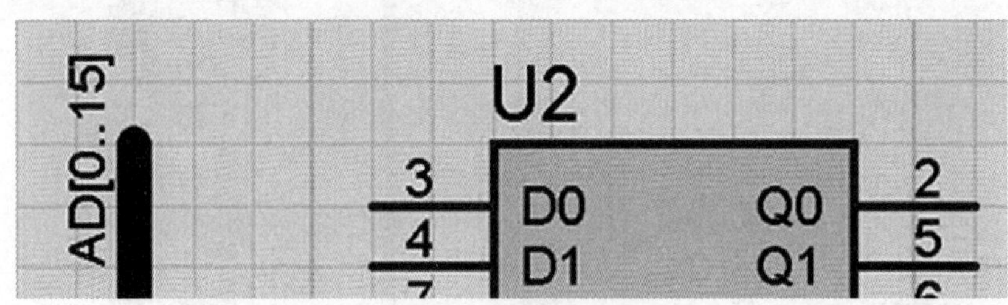

图 2.14　添加总线标签

(3) 连接 AD[0..15]引脚和总线,可以使用“直接连接法”或“终端/标签连接法”,同样适用于普通连线。

① 直接连接法。

单击 AD[0..15]引脚末端,拖动到垂直总线上后单击左键结束画线,如图 2.15 所示。此方法直观易画,但若线数多、距离长,电路图中线的安排会显得错综杂乱。

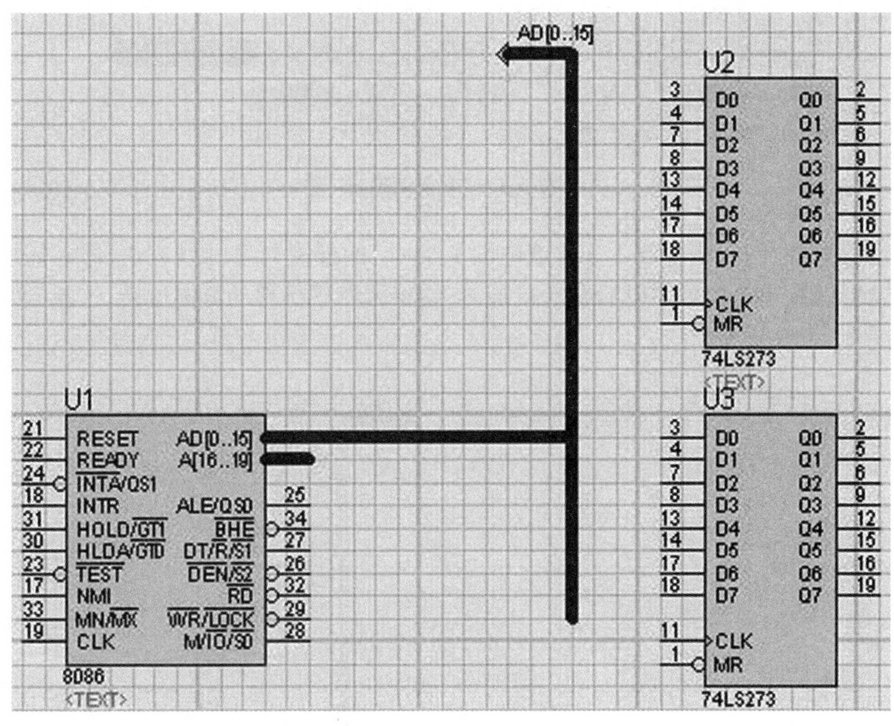

图 2.15　直接连接法

② 终端/标签连接法。

芯片引脚的名称不能直接使用,也不能在引脚上直接添加标签,若不使用直接连接法,则需要对引脚添加终端或标签使其与其他连线对应。

同第(2)步类似,可以为 AD[0..15]引脚添加总线终端,如图 2.16 所示,或先添加总线再添加总线标签,如图 2.17 所示,只要终端/标签名称与垂直总线名称一致,即表示为连通的同一根总线。

此方法可以减少连线,使电路图更加精简美观。

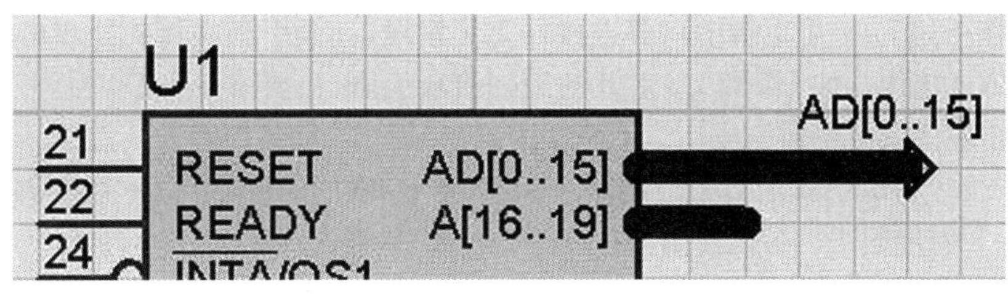

图 2.16　终端连接法

(4) 将 U2 和 U3 的 16 个 Dx 引脚连接到垂直总线上。为了美观,拐角处采用 45 度偏转方式绘制,如图 2.18 所示。

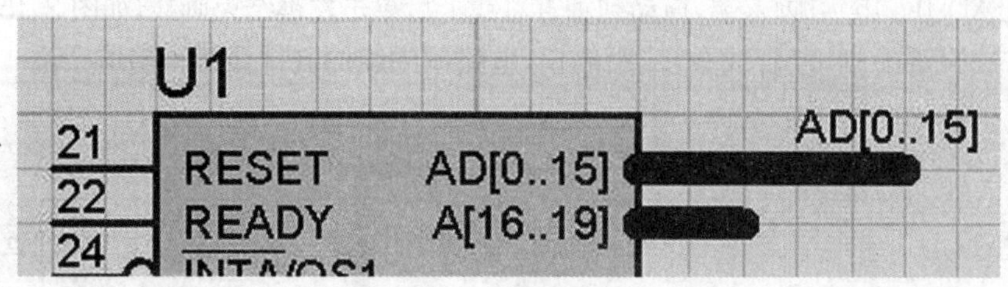

图 2.17　标签连接法

45 度偏转绘制方法参照 1.2.4 节中图 1.11(c)的任意角度画线方法,即在需要偏转处按住 Ctrl 键,单击鼠标左键后移动鼠标,连线将跟随鼠标移动方向偏转,连接到总线上后单击左键结束。

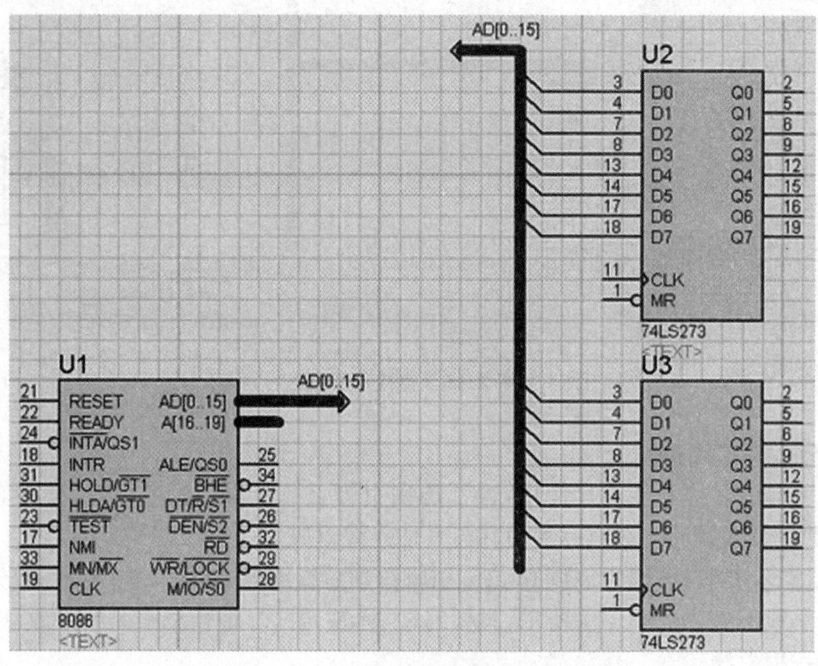

图 2.18　连接 Dx 引脚

连线技巧如下:一组引脚中只要连接好第一根线,其余引脚在接头处双击左键便会以相同的方式连线。如 U2 和 U3 芯片的 16 个 Dx 引脚,只要第一个 D0 引脚连接好,其余引脚双击左键就可快速完成。

(5) 最后为 Dx 引脚的每根连线添加标签,将 8086 的 ADx 引脚和两片 74LS273 的 Dx 引脚一一对应起来。可以使用“直接添加法”或“快速添加法”。

① 直接添加法。

选中连线后单击右键,在弹出菜单中选择“放置连线标签”选项,打开“编辑连线标签”对话框,写入标签名。

如 U2 的 D0 引脚对应 AD0 引脚,则在它的“编辑连线标签”对话框的“标号”栏中填入“AD0”,如图 2.19 所示,确定后显示效果如图 2.20 所示。

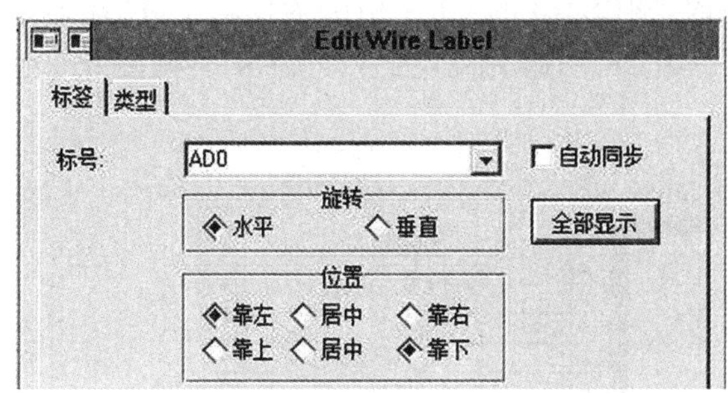

图 2.19 “编辑连线标签”对话框

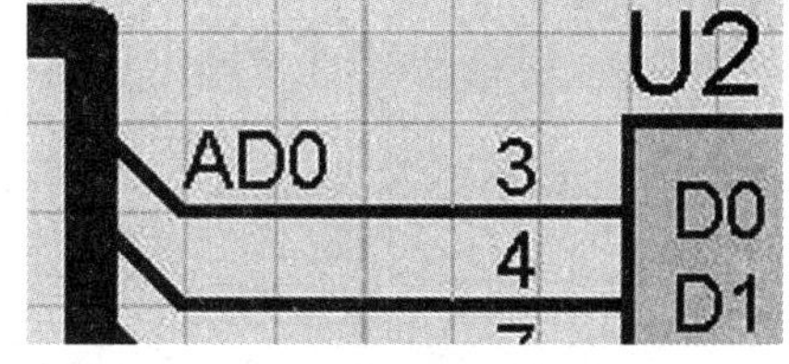

图 2.20 D0 引脚连线标签

② 快速添加法。

本例要添加的 16 个标签名称相同(AD),只有序号不同(0～15),可采用快速添加的方法,步骤如下:

按“A”键,打开属性分配工具对话框,在“字符串”栏中填入“NET = AD #”,如图 2.21 所示。确定后将鼠标放到 U2 芯片的 D0 引脚与垂直总线的连线上,鼠标指针变为“手加绿色方块”时单击连线,标签“AD0”被放置到连线上。

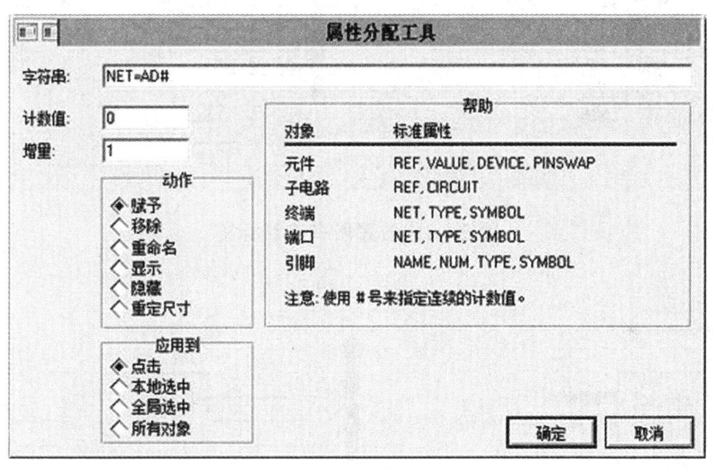

图 2.21 属性分配工具对话框

接着单击 D1 引脚连线,添加的标签为“AD1”,依次单击之后的连线可快速添加其余标签,如图 2.22 所示。

这批标签全部添加完后,再次按“A”键,单击取消,结束本次操作。

A[16..19]引脚选用终端连接法连接第 3 片 74LS273 芯片(U4)的 D0～D3 引脚,引脚标签名为“A16～A19”,$\overline{\text{BHE}}$引脚直接连接 U4 芯片的 D4 引脚,如图 2.23 所示。

2. CLK

时钟脉冲信号,输入。该引脚接入上升沿(从低电平到高电平的跳变)时,74LS273 的数据从 D 端写入 Q 端后锁存。

本例中,因 8086 的 ALE 引脚为高电平有效,故将 ALE 引脚通过非门(NOT)同时连接 3 片 74LS273 的 CLK 引脚,如图 2.24 所示。

T1 周期 8086 的 ALE 引脚为高电平时，74LS273 的 CLK 引脚为低电平，D 端地址写入 Q 端。T2 周期 ALE 引脚变为低电平，CLK 引脚为高电平，即 CLK 引脚接入一个上升沿，Q 端地址锁存。

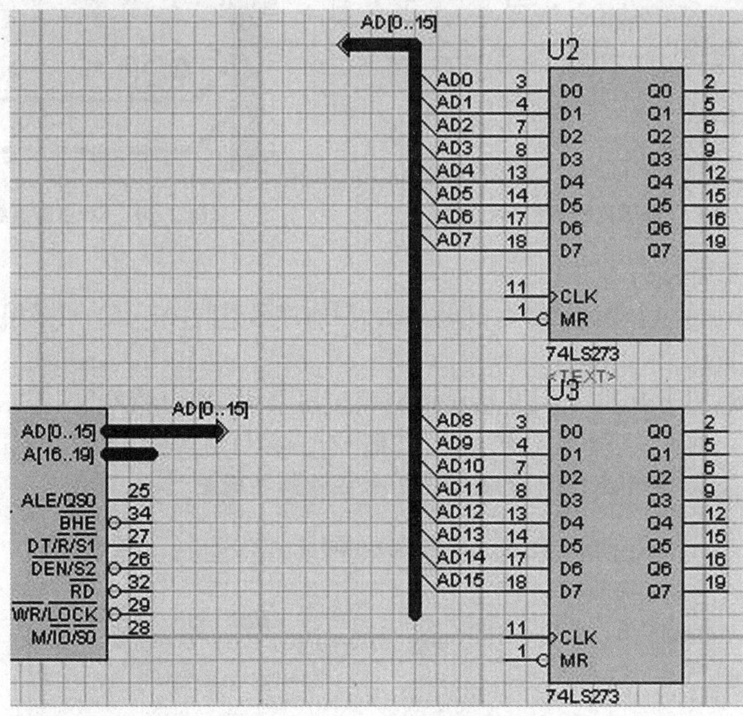

图 2.22　放置所有连线标签

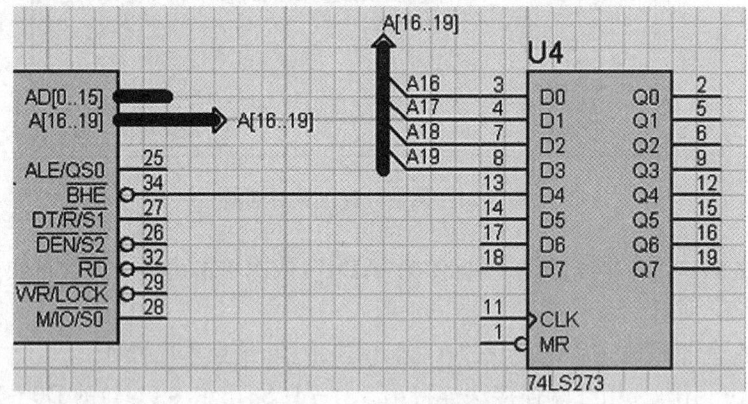

图 2.23　A[16..19]、$\overline{\text{BHE}}$引脚连接图

3．MR

主复位信号，输入，低电平有效。该引脚有效时将清除芯片内的所有数据。

本例中 3 片 74LS273 的 MR 引脚并接电源（POWER），不允许复位，如图 2.25 所示。

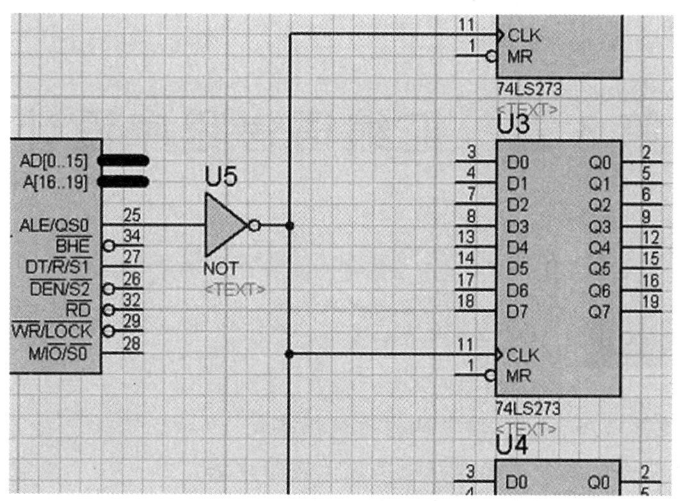

图 2.24　CLK 引脚连接图

4. Q0～Q7

8 个数据输出引脚,分别对应 D0～D7 引脚。

本例中将 3 片 74LS273 的前 20 个 Qx 引脚连接成地址总线 AB[0..19],标签名为"AB0～AB19",输出内容为 8086 的地址信号 A0～A19。

第 21 个引脚即 U4 芯片的 Q4 引脚接输出终端(OUTPUT),终端标签名为" BHE ",输出内容为 8086 的$\overline{\text{BHE}}$信号,如图 2.26 所示。

此 21 个引脚在之后章节供存储器或外设接口使用。

注意　存储器或外设接口芯片使用地址信号时,只能连接锁存过的地址总线引脚"AB0～AB19",不能直接连接 CPU 的引脚"A0～A19"。

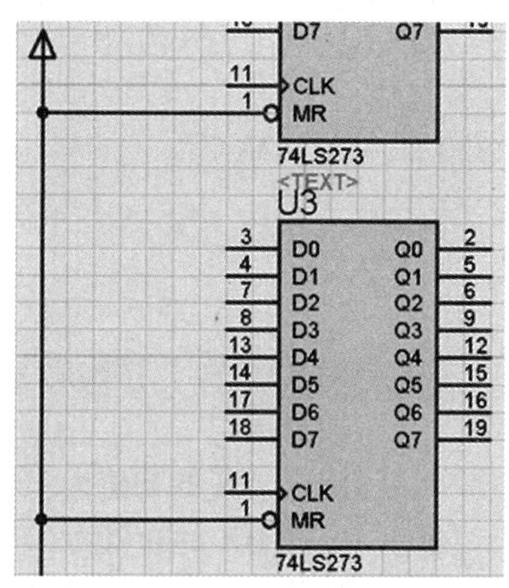

图 2.25　MR 引脚连接图

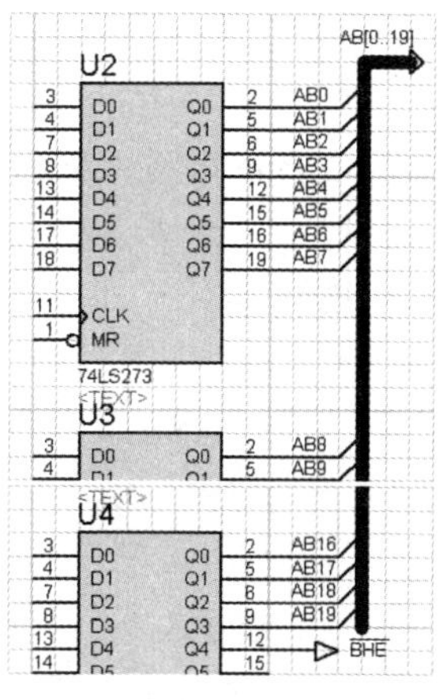

图 2.26　Qx 引脚连接图

利用 8 位双向数据缓冲器 74LS245 进行 8086 的 16 位数据总线连接。

第 3 章　汇编语言程序设计

本章知识点

1. 汇编环境下顺序、分支、循环结构的编程格式。
2. Proteus 环境下添加汇编源程序及调试运行方法。
3. 常用汇编指令及 8086 CPU 的寄存器。

8086 硬件系统无法直接使用高级语言进行编程，只能识别汇编语言程序以控制硬件操作。汇编源程序由汇编指令按规定的格式编写而成，汇编指令包括操作码和操作数两部分，其中操作码表示操作的性质，操作数表示操作的对象。

例如：MOV AX,1，其中 MOV 为操作码，表示本条指令为传送操作。AX 和 1 为两个操作数，1 为源操作数，AX 为目的操作数。执行操作为 1→AX，结果 AX=1。

本章将通过 3 个实例学习汇编语言的基本编程方法。

3.1　顺序结构实例

【实例要求】 将寄存器 AX 和 BX 的内容相加，结果送给 CX。

3.1.1　源程序

```
CODE     SEGMENT                  ;定义代码段，存放指令
         ASSUME     CS:CODE       ;段分配
START:   MOV        AX,1          ;定义 AX 的初值为 1
         MOV        BX,2          ;定义 BX 的初值为 2
         ADD        AX,BX         ;加法指令，执行 AX+BX→AX
         MOV        CX,AX         ;AX→CX
         MOV        AH,4CH        ;返回 DOS 中断调用
         INT        21H
CODE     ENDS                     ;代码段结束
         END        START         ;程序结束
```

3.1.2 汇编语言程序格式

1. 标准格式

```
DATA      SEGMENT                         ;定义数据段,存放变量
          …                               ;定义变量
DATA      ENDS                            ;数据段结束
STACK     SEGMENT     STACK               ;定义堆栈段,保护数据
          …                               ;定义堆栈段大小
STACK     ENDS                            ;堆栈段结束
CODE      SEGMENT                         ;定义代码段,存放指令
          ASSUME      CS:CODE,DS:DATA,SS:STACK
                                          ;段分配
START:    MOV         AX,DATA             ;填装数据段的首地址
          MOV         DS,AX
          MOV         AX,STACK            ;填装堆栈段的首地址
          MOV         SS,AX
          …                               ;程序代码
          MOV         AH,4CH              ;返回 DOS 中断调用
          INT         21H
CODE      ENDS                            ;代码段结束
          END         START               ;程序结束
```

注意 需要定义变量时,才进行数据段定义、分配及首地址填装(见 3.3 节)。一般不定义堆栈段,对目标程序连接(link)时会出现缺少堆栈段的警告,但不影响生成可执行程序。

2. 简化格式

```
.MODEL    SMALL                 ;定义程序的存储模式为 SMALL
.STACK                          ;定义堆栈段
.DATA                           ;定义数据段
          …                     ;定义变量
.CODE                           ;定义代码段
          .STARTUP              ;程序起始点
          …                     ;程序代码
          .EXIT                 ;程序结束
END                             ;汇编结束
```

本例的源程序可以简化为

```
.MODEL    SMALL
.CODE
```

```
        .STARTUP
        MOV         AX,1
        MOV         BX,2
        ADD         AX,BX
        MOV         CX,AX
        .EXIT
END
```

3.1.3 8086 CPU 的寄存器

8086 的寄存器都是 16 位的，分为通用寄存器和专用寄存器两类。

1. 通用寄存器

主要用来存放数据，包括 AX（累加器）、BX（基址寄存器）、CX（计数器）、DX（数据寄存器）、SI（源变址寄存器）、DI（目的变址寄存器）、SP（堆栈指针寄存器）、BP（基址指针寄存器）。

其中，AX、BX、CX、DX 可以分别分为两个 8 位寄存器；AX 可分为 AH、AL，AH 为高 8 位，AL 为低 8 位，其余分别为 BH/BL、CH/CL、DH/DL。

2. 专用寄存器

（1）段寄存器

包括 CS（代码段寄存器）、DS（数据段寄存器）、ES（附加段寄存器）、SS（堆栈段寄存器）。

8086 CPU 的寄存器为 16 位，无法保存 20 位的存储器地址，所以把 20 位物理地址分为两个 16 位的地址，写成"段地址:偏移地址"的逻辑地址形式，其中段地址根据不同用途存放在不同的段寄存器中。物理地址的计算方法为

$$物理地址 = 段地址 \times 10H + 偏移地址$$

如 12000H 可写成 1000H:2000H，1000H 为段地址，2000H 为偏移地址，1000H × 10H + 2000H = 12000H。

（2）指令指针寄存器 IP

存放 CPU 要执行的下一条指令的偏移地址，每取完一条指令 IP 寄存器的值会自动加 1，CS:IP 值为下一条指令的物理地址。

（3）标志寄存器 PSW（又称 FLAGS）

16 位中只用到 9 位，分为状态位和控制位。

① 状态位。

存放运行结果的状态，常用于转移类指令，包括如下内容：

- CF:进/借位。0:无进/借位;1:有进/借位。
- ZF:零标志位。0:结果不为 0;1:结果为 0。
- SF:符号标志位。0:符号位为 0 即正号;1:符号位为 1 即负号。
- OF:溢出标志位。0:结果不溢出;1:结果溢出。
- PF:奇偶标志位。0:结果中 1 的个数为奇数;1:结果中 1 的个数为偶数。
- AF:辅助进/借位,低 4 位向高 4 位的进/借位。0:无进/借位;1:有进/借位。

② 控制位。

用来控制 CPU 的操作，包括 DF(方向标志位)、IF(中断允许标志位)、TF(单步标志位)。

3.1.4 设计步骤

① 在图形编辑窗口中添加 8086 芯片。

② 在“源代码”菜单中，选择“设置代码生成工具”选项，在打开的对话框中单击“新建”按钮，将汇编编译工具添加进代码生成工具的工具栏。然后将编译规则中源程序扩展名改为“ASM”，目标代码扩展名改为“EXE”，如图 3.1 所示。

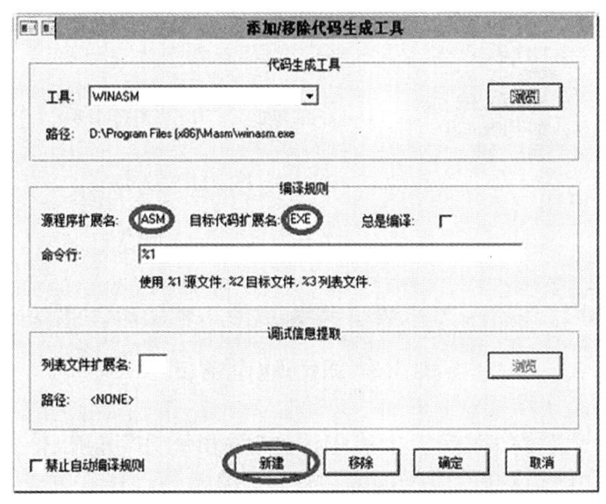

图 3.1　添加/移除代码生成工具对话框

③ 在“源代码”菜单中，选择“添加/删除源代码文件”选项；在打开的对话框中的“代码生成工具”下拉列表中，选上一步添加的汇编编译工具；然后在“源代码文件名称”中单击“新建”按钮，在弹出对话框的文件名栏填入“sx. ASM”创建一个新的源文件，如图 3.2 所示。若已有编辑好的源程序，也可直接选择后添加进来。

添加/移除源代码
目标处理器
U1 - 8086
选择处理器，单击新建给它添加源程序。
代码生成工具
WINASM
标记:
源代码文件名称
sx.ASM
更改
新建
移除
确定
取消

图 3.2　添加/移除源代码对话框

④ 在“源代码”菜单中，选择“1. sx. ASM”选项打开源代码编辑窗口，编写源程序后保存退出，如图 3.3 所示。

⑤ 在“源代码”菜单中，选择“编译全部”选项，打开汇编编译工具，先编译成“目标文件”(.OBJ)，再生成“可执行文件”(.EXE)。

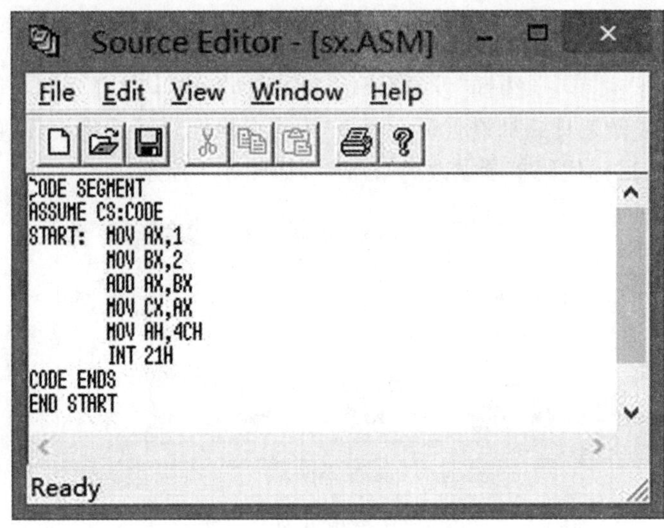

图 3.3 源代码编辑窗口

⑥ 右键单击 8086 芯片，在弹出菜单中选择“编辑属性”选项，打开“编辑元件属性”对话框，“Program File”栏中已默认为“sx. exe”。因程序的存放运行需要内存空间，故应在“Advanced Properties”下拉列表中选择“Internal Memory Size”项，将“0x00000”改为“0x5000”，如图 3.4 所示，其后章节的 8086 芯片全部同此项设置。

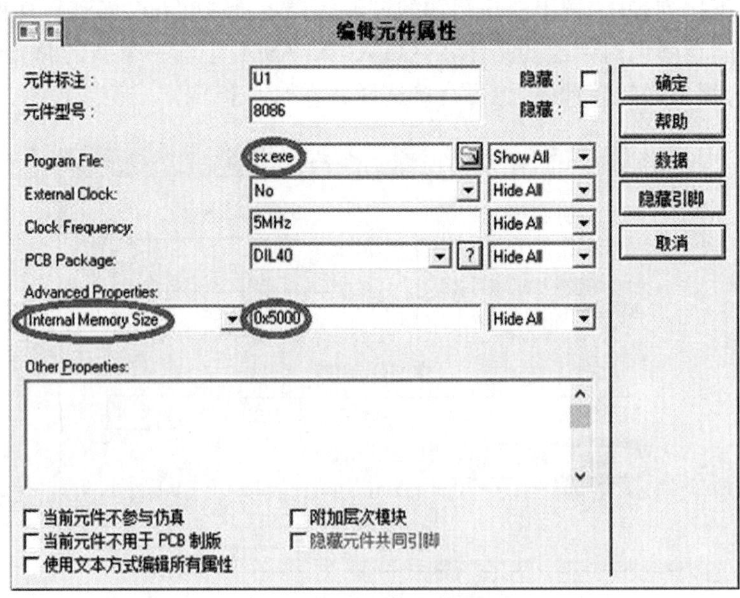

图 3.4 编辑元件属性对话框

3.1.5 调试步骤

① 左下角仿真进程控制的四个按钮分别为“开始”“帧进”“暂停”“停止”。单击“开始”按钮运行程序，然后单击“暂停”按钮进行调试。

② 在调试菜单中选择“4. 8086 Registers-U1”(查看 8086 寄存器的值)，CX = 0003，结果正确，如图 3.5 所示。

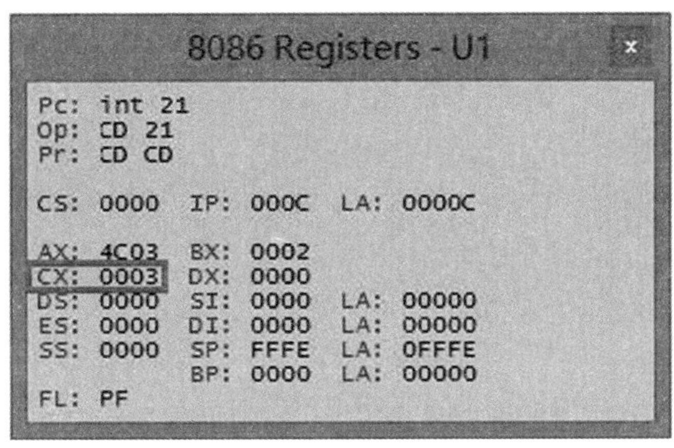

图 3.5　8086 寄存器值窗口

3.1.6 补充

① 汇编语言不区分大小写字母，符号需用英文符号，分号“;”后为注释。

② 汇编程序的执行过程如图 3.6 所示，其中源程序可以通过新建文本文档(.TXT)后，改变扩展名为汇编源程序(.ASM)实现。

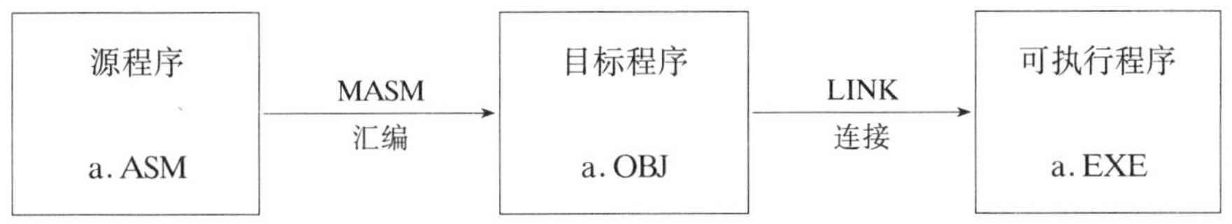

图 3.6　汇编程序执行过程

3.2 分支结构实例

【实例要求】

$$\begin{cases} AX + BX \rightarrow CX & AX < BX \\ AX - BX \rightarrow CX & AX \geqslant BX \end{cases}$$

3.2.1 源程序

```
CODE      SEGMENT                  ;定义代码段
          ASSUME    CS:CODE        ;段分配
START:    MOV       AX,1           ;定义 AX 的初值为 1
          MOV       BX,2           ;定义 BX 的初值为 2
          CMP       AX,BX          ;比较指令,执行 AX-BX,
                                   ;不保存结果,只根据结果设置状态位
          JC        LL             ;条件转移指令,若满足转移条件
                                   ;CF=1(有借位,即 AX<BX),
                                   ;则转移到其后标号 LL 处执行
          SUB       AX,BX          ;若不满足条件(CF=0,即 AX≥BX)
                                   ;则不跳转,顺序执行减法 SUB 指令,
                                   ;AX-BX→AX
          JMP       EXIT           ;无条件转移指令,跳到标号 EXIT 处
LL:       ADD       AX,BX          ;标号 LL 处执行 AX+BX→AX
EXIT:     MOV       CX,AX          ;标号 EXIT 处执行 AX→CX
          MOV       AH,4CH         ;返回 DOS 中断调用
          INT       21H
CODE      ENDS                     ;代码段结束
          END       START          ;程序结束
```

3.2.2 转移指令

程序中的指令通常都是顺序执行的,若遇到分支或循环结构,可通过转移指令改变指令的执行顺序。

1. 无条件转移指令

格式:

```
JMP    label
```

操作:

直接跳转到标号 label 处。

2. 条件转移指令

格式:

```
J*     label
```

操作:

根据上一条指令执行后,CPU 设置的状态位判断是否转移。如满足条件则跳转到标号 label 处,否则顺序执行下一条指令。

判断条件如下：

JC/JNC(有/无进位则转移)：CF=1/0

JZ/JNZ(结果为零/不为零则转移)：ZF=1/0

JP/JNP(奇偶位为1/为0则转移)：PF=1/0

JS/JNS(符号为负/为正则转移)：SF=1/0

JO/JNO(结果溢出/无溢出则转移)：OF=1/0

多条件转移指令如下：

· 不带符号数比较，包括JA/JNBE高于、JAE/JNB高于或等于、JB/JNAE低于、JBE/JNA低于或等于。

· 带符号数比较，包括JG/JNLE大于、JGE/JNL大于或等于、JL/JNGE小于、JLE/JNG小于或等于。

3.2.3 分支结构常用格式

```
            CMP/SUB/…               ;指令执行后设置状态位
            J *       labelA        ;条件转移指令，满足条件跳到labelA
            …                       ;不满足条件执行的指令
            JMP       labelB        ;转移到labelB，跳出分支结构
labelA:
            …                       ;满足条件执行的指令
labelB:
            …                       ;分支结束后的指令
```

3.2.4 设计、调试步骤

① 本例的设计、调试步骤与3.1节的实例基本相同，原设计步骤中第2步为设置代码生成工具，因3.1节的实例中已设置过，本例中可省略，其余相同，仿真结果如图3.7所示。

AX=1，BX=2，AX<BX，执行AX+BX→CX，CX=0003，结果正确。

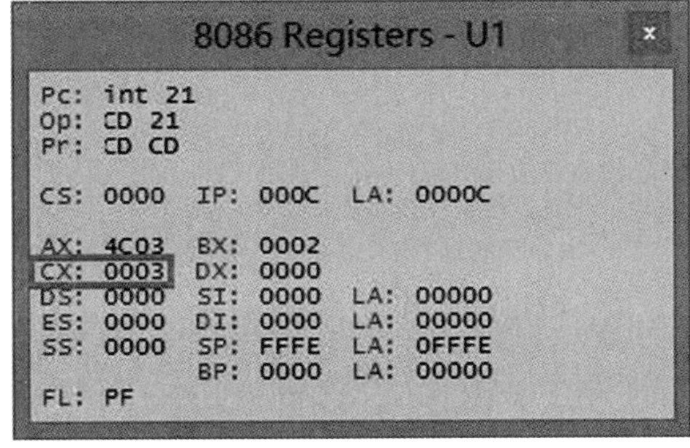

图3.7　AX<BX执行结果

② 再将源程序中AX的初值改为2(MOV AX,2),BX的初值改为1(MOV BX,1),保存后重新编译成目标文件(.OBJ)及生成可执行文件(.EXE),调试后结果如图3.8所示。

AX=2,BX=1,AX≥BX,执行AX-BX→CX,CX=0001,结果正确。

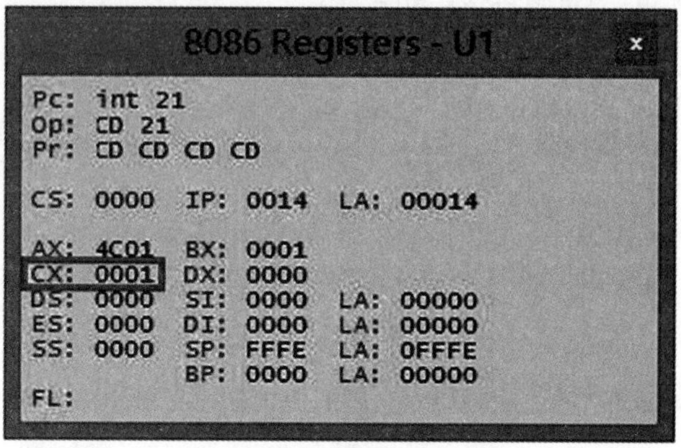

图3.8 AX≥BX执行结果

3.3 循环结构实例

【实例要求】 1+2+…+100→SUM。

3.3.1 源代码

```
DATA      SEGMENT                       ;定义数据段,存放变量
          SUM        DW   ?             ;定义字变量SUM
DATA      ENDS                          ;数据段结束
CODE      SEGMENT                       ;定义代码段
          ASSUME     CS:CODE,DS:DATA
                                        ;段分配,增加了数据段分配
START:    MOV        AX,DATA            ;填装数据段首地址
          MOV        DS,AX
          MOV        AX,0               ;定义AX的初值为0,存放“和”
          MOV        BX,1               ;定义BX的初值为1,递增到100
          MOV        CX,100             ;定义CX的初值为100,循环次数
AGAIN:    ADD        AX,BX              ;+1,+2,+…,+100
          ADD        BX,1               ;BX=2,3,…,100
          SUB        CX,1               ;循环次数CX减1
```

```
        JNZ        AGAIN        ;若结果不为 0,即满足转移条件
                                ;ZF=0,
                                ;则转移到 AGAIN 处,共循环
                                ;100 次
        MOV        SUM,AX       ;跳出循环后,最终结果 AX→SUM
        MOV        AH,4CH       ;返回 DOS 中断调用
        INT        21H
CODE    ENDS                    ;代码段结束
        END        START        ;程序结束
```

3.3.2 循环结构常用格式

1. 循环次数已知的循环

```
        …                       ;初始化指令
        MOV       CX,N          ;设置循环次数 CX=N
label:
        …                       ;循环体
        SUB       CX,1          ;循环次数 CX 减 1
        JNZ       label         ;CX≠0,循环未结束,再次循环
        …                       ;循环结束后的指令
```

2. 循环次数未知的循环

```
        …                       ;初始化指令
label:
        …                       ;循环体
        CMP/SUB/…               ;指令执行后设置状态位
        J*        label         ;满足不结束循环的条件,再次循环
        …                       ;循环结束后的指令
```

3.3.3 变量定义

格式:

变量名　　助记符　　操作数,操作数……

助记符包括定义字节 DB(8 位)、定义字 DW(16 位)、定义双字 DD(32 位)。

例如:

DA1　DB　12H,34H

DA2　DW　5678H

汇编后数据在存储器中的存放格式如图 3.9 所示。

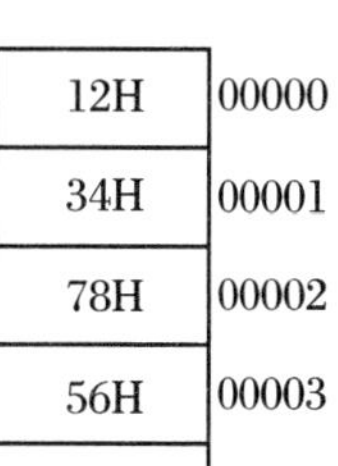

图 3.9　存放格式

本例中？表示保留一个助记符大小的存储空间。1＋2＋…＋100＝5050，转化为十六进制数为13BAH，是16位数，所以助记符选择字变量定义DW。

3.3.4 设计、调试步骤

本例的设计、调试步骤与3.2节中的实例基本相同，原调试步骤中第2步中为在调试菜单中选择“4. 8086 Registers -U1”(查看8086寄存器的值)，本例中最终结果SUM为数据段变量，存放在存储器中，所以应改为选择“3. 8086 Memory Dump-U1”(查看8086存储器镜像的值)，如图3.10所示。

1＋2＋…＋100＝5050，十六进制数为13BA，结果正确。

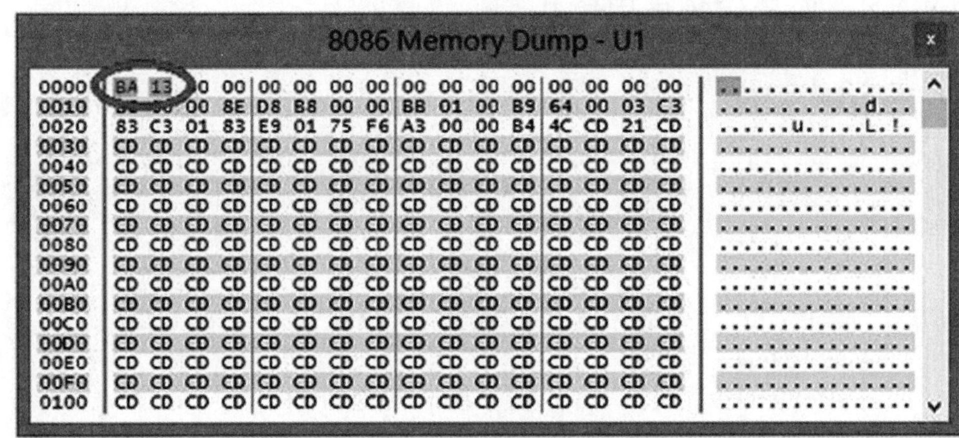

图3.10 8086存储器镜像值窗口

1. 若AL中为小写字母，则转换为对应的大写字母存入BL，否则BL＝0。
2. 1＋3＋…≤1000，结果存入SUM单元。

第4章　存　储　器

本章知识点

1. RAM 芯片 6264、ROM 芯片 27C128 各引脚功能及与 8086 CPU 地址、数据、控制引脚的连接方法。

2. 利用 74LS138 实现存储芯片容量的扩展及奇、偶地址单元的选择。

3. 汇编指令中操作数的 7 种寻址方式。

存储器用来存储程序和数据，是计算机的主要组成部分之一。存储器可分为主存储器和辅存储器，主存储器包括随机存取存储器(RAM)和只读存储器(ROM)，辅存储器包括硬盘、光盘、闪存等。

本章将通过实例介绍主存储器芯片的应用和扩展。

4.1　RAM 芯片举例

RAM 芯片的特点是可读可写，断电后数据会丢失，其中静态 RAM(SRAM)芯片常用作 CPU 的高速缓存 Cache，动态 RAM(DRAM)芯片用作微机的内存条。下面通过一个实例来了解 RAM 芯片是怎样进行数据存取的。

【实例要求】 8086 系统中，用 RAM 芯片 6264(8 K×8 位)组成起始地址为 8000H 的 16 KB 存储系统，对 8000H 起始的单元依次写入 0～15。

图 4.1 是本例的 ISIS 电路连接图。

4.1.1　连线

本例中 8086 CPU 及 74LS273 地址锁存部分连线同第 2 章，只省略了 8086 的 3 个中断相关信号。

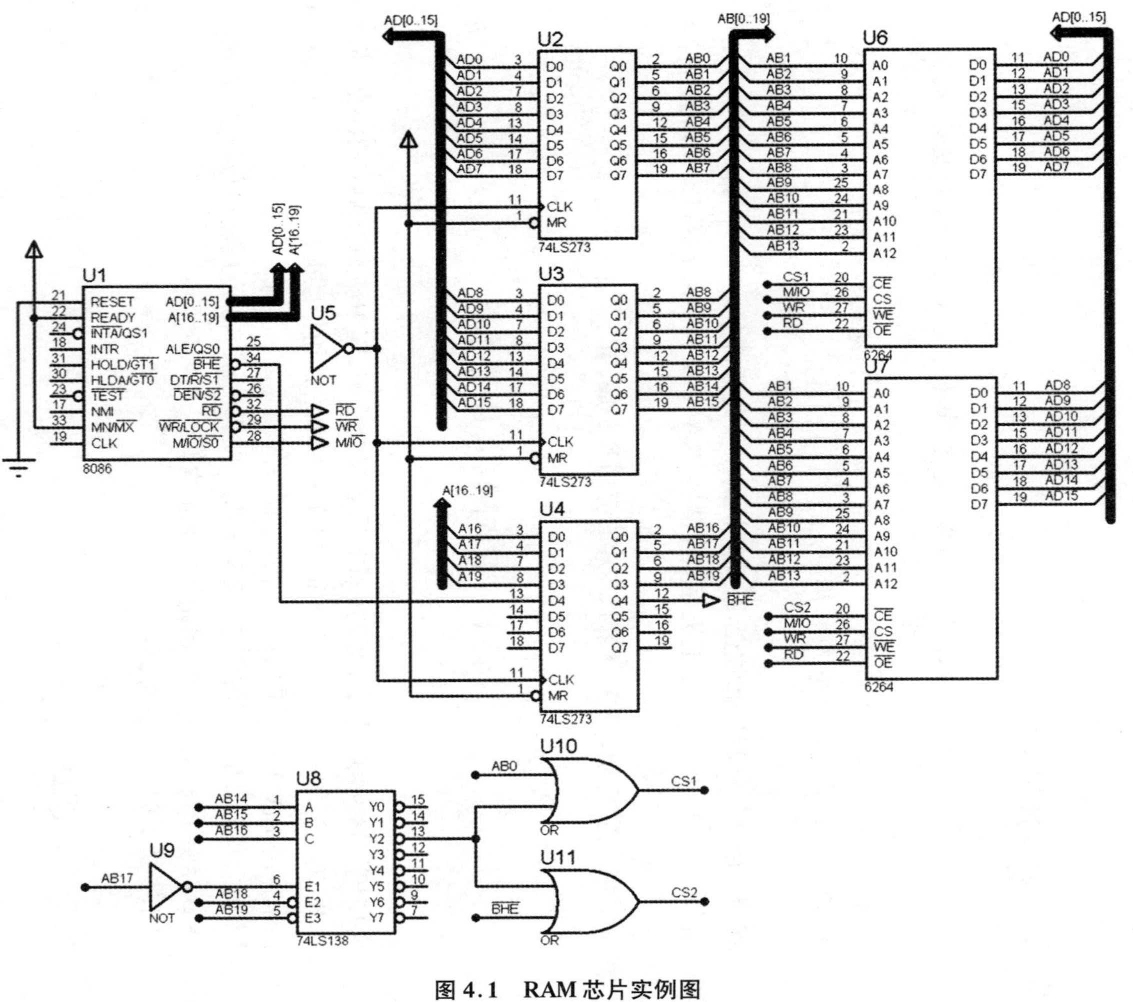

图 4.1　RAM芯片实例图

1. 6264

6264 是一种 8 K×8 位的 SRAM 芯片，需扩展的总容量为 16 KB，芯片数 = 总容量/芯片容量 = (16 K×8 位)/(8 K×8 位) = 2 片。

在 Proteus 元件库中找到 6264 芯片，在图形编辑窗口中放置 2 片，连接方法如图 4.2 所示。

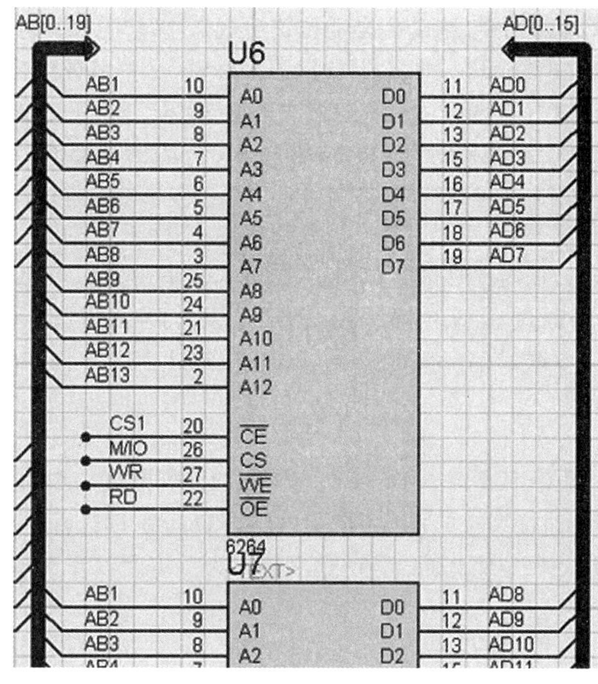

图 4.2　6264 引脚连接图

(1) A0～A12

13 个地址引脚，输入。6264 芯片的单元数为 2^{13} = 8 K。

8086 有 20 位地址线，即 A0～A19，2.2.2 节中介绍过，8086 的内存空间分为奇地址库和偶地址库。奇地址库连接高 8 位数据总线，并由 $\overline{\text{BHE}}$选通；偶地址库连接低 8 位数据总线，并由 A0 选通。

所以地址线 A0 不能接芯片的 A0 引脚，应该用于奇地址 6264 芯片和偶地址 6264 芯片的选择，芯片的 A0～A12 引脚应接地址线 A1～A13。

本例中，2 片 6264 的 A0～A12 引脚分别连接地址锁存器 74LS273 输出的地址总线 AB[0..19]，标签依次标记为"AB1～AB13"。

(2) D0～D7

8 个数据引脚，输入/输出。6264 芯片一次可以进行 8 位数据的传送，即字长为 8 位，芯片容量 = 单元数×字长 = 8 K×8 位。

本例中，2 片 6464 芯片的 D0～D7 引脚对应 16 位数据信号 D0～D16，对应的 8086 引脚为分时复用的地址数据引脚 AD[0..15]。利用终端法画出 AD[0..15]总线，16 个 Dx 引脚依次连接总线。

其中 U6 芯片作为偶地址低字节库，D0～D7 的引脚标签依次为“AD0～AD7”；U7 芯片作为奇地址高字节库，D0～D7 的引脚标签依次为“AD8～AD15”。

(3) $\overline{CE}$、CS

两个片选信号，输入。$\overline{CE}$引脚低电平有效，CS 引脚高电平有效，两个引脚同时有效时芯片才能正常工作。

本例中，U6 和 U7 芯片的$\overline{CE}$引脚连接 74LS138 译码器送出的片选信号。可以使用标签连接法，左键单击$\overline{CE}$引脚，拖动到合适位置后双击左键完成画线。右键单击连线，在弹出菜单中选择“放置连线标签”选项，对连线添加标签，标签名分别为“CS1”和“CS2”。

U6 和 U7 芯片的 CS 引脚通过标签连接法连接 8086 CPU 的 M/$\overline{IO}$引脚（存储器/外设端口选择），标签名为“M/IO”。当 M/$\overline{IO}$ = 1 时，选择存储器，对存储器芯片 6264 操作，则 M/$\overline{IO}$为高电平，CS 引脚对应为高电平，6264 芯片可正常工作。

(4) $\overline{WE}$

写允许信号，输入，低电平有效。该引脚有效时，数据可以写入 6264 芯片。

本例中，$\overline{WE}$引脚通过标签连接法接 8086 CPU 的$\overline{WR}$引脚（写选通），标签名为“WR”。当$\overline{WR}$ = 0 时，写允许，8086 对 6264 写数据，则$\overline{WR}$为低电平，$\overline{WE}$对应为低电平，数据可以写入 6264。

(5) $\overline{OE}$

输出允许信号，输入，低电平有效。该引脚有效时，可以从 6264 芯片读出数据。

本例中，$\overline{OE}$引脚通过标签连接法接 8086 CPU 的$\overline{RD}$引脚（读选通），标签名为“RD”。当$\overline{RD}$ = 0 时，读允许，8086 从 6264 读数据，则$\overline{RD}$为低电平，$\overline{OE}$对应为低电平，可以从 6264 读出数据。

2. 74LS138

74LS138 是三—八译码器，可用于存储芯片容量扩展时输出片选信号，即在多个芯片中选中某一芯片，使其正常工作。

在 Proteus 元件库中找到 74LS138 芯片，在图形编辑窗口中放置 1 片，连接方法如图 4.3 所示。

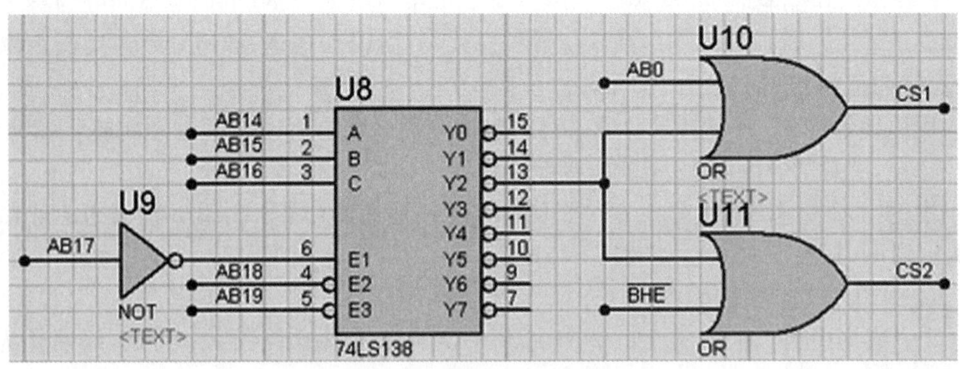

图 4.3　RAM 实例 74LS138 引脚连接图

本例要求存储系统的起始地址为 08000H，总容量为 16 KB，需要两片 6264 芯片（8 K×8 位）。

如果是 8 位的 8088 系统，因数据总线位数和 6264 芯片的字长都为 8 位，则每片 6264 芯片独立为一组，数据位数不用扩展。每片 6264 芯片的单元数为

$$8\ \mathrm{K} = 2^{13} = 2\times 2^{12} = 2\times (2^4)^3 = 2\times (16)^3 = 2000\mathrm{H}$$

芯片 U6 的起始地址为 08000H，结束地址为 08000H + 2000H - 1 = 0A000H - 1 = 09FFFH，芯片的地址范围为 08000H～09FFFH。

芯片 U7 的起始地址为 0A000H，结束地址为 0A000H + 2000H - 1 = 0C000H - 1 = 0BFFFH，芯片的地址范围为 0A000H～0BFFFH。

将以下十六进制地址转化为二进制数：

08000H：0000 1000 0000 0000 0000

09FFFH：0000 1001 1111 1111 1111

0A000H：0000 1010 0000 0000 0000

0BFFFH：0000 1011 1111 1111 1111

对应到 20 位地址线如图 4.4 所示，地址 A12～A0 应作为 13 位片内地址，同时连接两片 6264 的 A12～A0 引脚。

	A19	A18	A17	A16	A15	A14	A13	A12	～	A0
U6：	0	0	0	0	1	0	0	0	～	0
	0	0	0	0	1	0	0	1	～	1
U7：	0	0	0	0	1	0	1	0	～	0
	0	0	0	0	1	0	1	1	～	1

图 4.4　8 位 8088 系统两片 6264 地址范围

本例为 16 位的 8086 系统，数据总线为 16 位，6264 芯片的字长为 8 位，需要 2 片 6264 芯片构成一组，分成奇地址芯片和偶地址芯片，可同时寻址传送 16 位数据，也可独立寻址传送 8 位数据。

2 片 6264 芯片共有 8 K × 2 = 16 K 个单元，地址范围为 08000H～0BFFFH。当 A0 = 0 时的 8 K 个偶地址单元为 U6 芯片的单元，当 A0 = 1 时的 8 K 个奇地址单元为 U7 芯片的单元，对应到 20 位地址线如图 4.5 所示。

A19	A18	A17	A16	A15	A14	A13	～	A1	A0
0	0	0	0	1	0	0	～	0	0
0	0	0	0	1	0	1	～	1	1

A0 = 0：偶

$\overline{\mathrm{BHE}}$ = 0：奇

图 4.5　16 位 8086 系统两片 6264 地址范围

因传送 16 位数据时，需同时选中偶地址单元和奇地址单元，A0 不能同时为 0 和 1，所以偶地址单元用 A0 = 0 选择，奇地址单元用 $\overline{\mathrm{BHE}}$ = 0 选择。

地址 A13～A1 作为 13 位片内地址，同时连接两片 6264 的 A12～A0 引脚，剩下的地址 A19～A14 保持 000010 不变，作为片外地址连接 74LS138 的引脚，配合 A0 和 $\overline{\mathrm{BHE}}$ 引

脚完成两片 6264 芯片的选择。

下面介绍 74LS138 的引脚功能及连接方法。

(1) C、B、A

3 个输入信号,可构成八种组合 000～111。

本例中选择地址 A16、A15、A14 通过标签连接法连接 C、B、A 引脚,标签名分别为"AB16""AB15""AB14",对应总线 AB[0..19]上相应的地址线,如图 4.3 所示。在图4.5 中,选中芯片时 A16、A15、A14 的组合,即 C、B、A 的组合为 010。

(2) E1、$\overline{E2}$、$\overline{E3}$

3 个控制信号,输入。当 E1 = 1、$\overline{E2}$ = 0、$\overline{E3}$ = 0 同时有效时,74LS138 可正常工作。

本例中地址线还剩 A17、A18、A19,选中 6264 时值都为 0。决定 AB17 通过非门(NOT)接 E1,AB18 接$\overline{E2}$,AB19 接$\overline{E3}$,如图 4.3 所示。

(3) $\overline{Y0}$～$\overline{Y7}$

8 个输出信号。当 C、B、A 为 8 种组合中的任一种时,有唯一的$\overline{Yx}$为低电平与之对应。

在本例中,选中 6264 芯片时 C、B、A 的组合为 010,则$\overline{Y2}$为 0,其余$\overline{Yx}$都为 1。在选择奇偶 6264 芯片时,还要用$\overline{BHE}$和 A0 引脚配合选择,$\overline{BHE}$和 A0 引脚都是低电平有效。即仅当$\overline{Y2}$和 A0 同时为 0 时,产生一个为 0 的片选信号 CS1 使偶地址芯片 U6 工作。当$\overline{Y2}$和$\overline{BHE}$同时为 0 时,产生一个为 0 的片选信号 CS2 使奇地址芯片 U7 工作。应选择或门,0∨0 = 0,任何一个输入为 1 时结果都不为 0。

在 Proteus 元件库中找到或门(OR),在合适位置放置两片,对应芯片名为 U10、U11。U10 芯片的两个输入端为$\overline{Y2}$和 AB0,输出为"CS1";U11 芯片的两个输入端为$\overline{Y2}$和$\overline{BHE}$(BHE),输出为"CS2",如图 4.3 所示。

4.1.2 源程序

```
CODE    SEGMENT                           ;定义代码段
        ASSUME    CS:CODE                 ;段分配
START:  MOV       AX,0                    ;定义数据段寄存器 DS 的值为 0
        MOV       DS,AX
        MOV       BX,8000H                ;定义偏移地址 EA = BX = 8000H,
                                          ;物理地址 = DS×10H + EA =
                                          ;08000H
        MOV       DX,0100H                ;定义 DH 为 01H(对应奇字节单元)
                                          ;定义 DL 为 00H(对应偶字节单元)
        MOV       CX,8                    ;循环次数为 8
        MOV       WORD PTR[BX],0          ;08000H 开始的字单元初始化为 0
NEXT:   MOV       [BX],DX                 ;将 DX 写入存储器 08000H 开始
                                          ;的字中
        ADD       DX,0202H                ;DH + 2→DH,DL + 2→DL
```

```
        ADD     BX,2        ;改变当前存储器地址指向下一
                            ;个字
        LOOP    NEXT        ;循环指令，执行 CX-1→CX，
                            ;若 CX≠0，跳到 NEXT 处继续
                            ;下一次循环，
                            ;否则退出循环执行下一条指令
        INT     3           ;暂停
CODE    ENDS                ;代码段结束
        END     START       ;程序结束
```

4.1.3 寻址方式

寻址方式是指令中说明操作数所在地址的方法，分为非存储器寻址方式和存储器寻址方式两类。非存储器寻址比存储器寻址执行速度快，双操作数指令中不能两个操作数都用存储器寻址。下面介绍 7 种寻址方式。

1. 非存储器寻址方式

(1) 立即寻址

操作数是参与处理的数据，称为立即数，立即数只能作为源操作数。

【例 4.1】 MOV　CX,8　;源操作数为立即寻址

(2) 寄存器寻址

由寄存器给出指令要处理的操作数。

【例 4.2】 ADD　DH,2　;目的操作数为寄存器寻址

2. 存储器寻址方式

3.1.3 节介绍过存储器的物理地址保存时分为“段地址:偏移地址”两部分。本例中，对存储器中地址为 08000H 的单元操作时，可将 20 位的地址分为 0000H:8000H，即数据段 DS 地址为 0000H(默认)，偏移地址为 8000H。

偏移地址又称为有效地址(EA)，在存储器寻址时，可包括位移量、基址(BX、BP)和变址(SI、DI)中的一种或几种。

(1) 直接寻址

EA=位移量

【例 4.3】
```
MOV     [8000H],DX      ;EA=8000H,DX→(08000H)
MOV     [8002H],DX      ;EA=8002H,DX→(08002H)
…
```

本例要向连续的 8 个字中写入数据，用直接寻址这种固定地址不合适。

【例 4.4】 MOV　SUM,AX　;AX→SUM

3.3 节中 SUM 是在数据段中定义的一个变量，指令中直接调用变量名也是较常用的直接寻址方式。

(2) 寄存器间接寻址

EA=基址/变址

```
【例 4.5】 MOV    BX,8000H          ;BX 为起始地址
          MOV    [BX],DX           ;EA=BX=8000H
          ADD    BX,2              ;改变当前存储器地址指向下一个字
```

寄存器间接寻址可以通过改变寄存器的值而修改存储器地址,其适合向连续地址写入数据的循环程序。

注意 源程序中 MOV WORD PTR[BX],0 若写成 MOV [BX],0 编译时会出错,而 MOV [BX],DX 是正确的。

因为[BX]表示的存储器地址 08000H,既可以是 8 位的字节地址(08000H)=02H,也可以是 16 位的字地址(08000H)=0102H。DX 寄存器固定为 16 位,执行 MOV [BX],DX 时,[BX]会根据源操作数 DX 对应到 16 位的字地址。

立即数 0 既可以为字节 00H,也可以为字 0000H,执行 MOV [BX],0 时,源操作数和目的操作数的位数都不固定,所以需要在存储器寻址方式前加上 BYTE PTR(字节)或 WORD PTR(字)以确定访问类型。

(3) 寄存器相对寻址

EA=基址/变址+位移量

```
【例 4.6】 MOV    BX,0              ;BX 为增量
          MOV    [BX+8000H],DX     ;EA=BX+8000H=8000H
          ADD    BX,2              ;改变当前存储器地址指向下一个字
```

(4) 基址变址寻址

EA=基址+变址

```
【例 4.7】 MOV    BX,8000H
          MOV    SI,0              ;SI 为增量
          MOV    [BX][SI],DX       ;EA=BX+SI=8000H,也可以写成
                                   ;[BX+SI]
          ADD    SI,2              ;改变当前存储器地址指向下一个字
```

(5) 相对基址变址寻址

EA=基址+变址+位移量

```
【例 4.8】 TABLE  DW 8 DUP(?)             ;数据段中定义字串 TABLE,
                                         ;内容为 8 个空位,
                                         ;n DUP(操作数)为重复存操作数 n 次
          MOV    TABLE[BX+SI],DX         ;EA=TABLE+BX+SI,
                                         ;可用于访问二维数组,
                                         ;TABLE 为数组起始地址,
                                         ;BX 为行标,SI 为列标
```

4.1.4 调试运行

运行后暂停,在调试菜单中选择“4. Memory Contents-U6”和“5. Memory Contents-U7”,查看两片 RAM 芯片 U6、U7 运行后的结果,结果正确,如图 4.6 和图 4.7 所示。

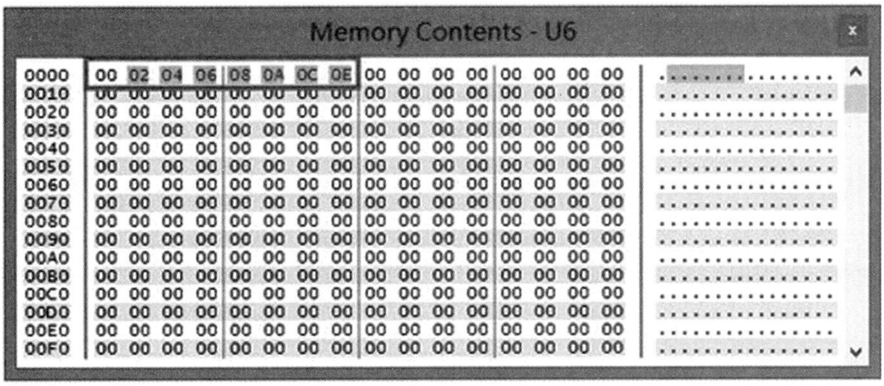

Memory Contents - U6

0000	00	02	04	06	08	0A	0C	0E	00	00	00	00	00	00	00	00	....
0010	00	00	00	00	00	00	00	00	00	00	00	00	00	00	00	00	....
0020	00	00	00	00	00	00	00	00	00	00	00	00	00	00	00	00	....
0030	00	00	00	00	00	00	00	00	00	00	00	00	00	00	00	00	....
0040	00	00	00	00	00	00	00	00	00	00	00	00	00	00	00	00	....
0050	00	00	00	00	00	00	00	00	00	00	00	00	00	00	00	00	....
0060	00	00	00	00	00	00	00	00	00	00	00	00	00	00	00	00	....
0070	00	00	00	00	00	00	00	00	00	00	00	00	00	00	00	00	....
0080	00	00	00	00	00	00	00	00	00	00	00	00	00	00	00	00	....
0090	00	00	00	00	00	00	00	00	00	00	00	00	00	00	00	00	....
00A0	00	00	00	00	00	00	00	00	00	00	00	00	00	00	00	00	....
00B0	00	00	00	00	00	00	00	00	00	00	00	00	00	00	00	00	....
00C0	00	00	00	00	00	00	00	00	00	00	00	00	00	00	00	00	....
00D0	00	00	00	00	00	00	00	00	00	00	00	00	00	00	00	00	....
00E0	00	00	00	00	00	00	00	00	00	00	00	00	00	00	00	00	....
00F0	00	00	00	00	00	00	00	00	00	00	00	00	00	00	00	00	....

图 4.6 RAM 实例 U6 芯片运行后的结果

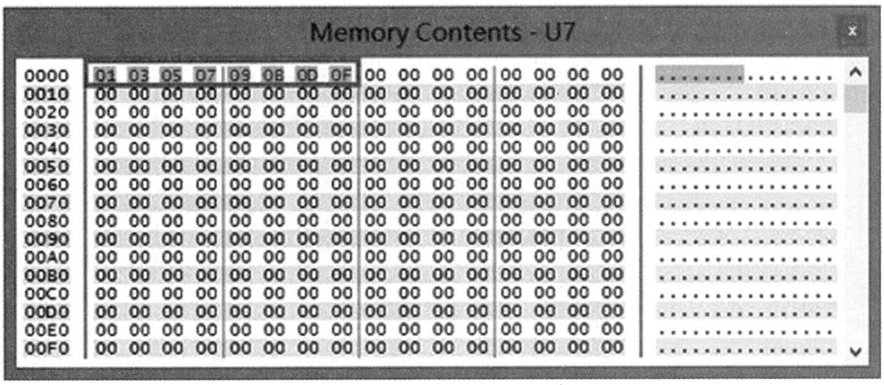

Memory Contents - U7

0000	01	03	05	07	09	0B	0D	0F	00	00	00	00	00	00	00	00	....
0010	00	00	00	00	00	00	00	00	00	00	00	00	00	00	00	00	....
0020	00	00	00	00	00	00	00	00	00	00	00	00	00	00	00	00	....
0030	00	00	00	00	00	00	00	00	00	00	00	00	00	00	00	00	....
0040	00	00	00	00	00	00	00	00	00	00	00	00	00	00	00	00	....
0050	00	00	00	00	00	00	00	00	00	00	00	00	00	00	00	00	....
0060	00	00	00	00	00	00	00	00	00	00	00	00	00	00	00	00	....
0070	00	00	00	00	00	00	00	00	00	00	00	00	00	00	00	00	....
0080	00	00	00	00	00	00	00	00	00	00	00	00	00	00	00	00	....
0090	00	00	00	00	00	00	00	00	00	00	00	00	00	00	00	00	....
00A0	00	00	00	00	00	00	00	00	00	00	00	00	00	00	00	00	....
00B0	00	00	00	00	00	00	00	00	00	00	00	00	00	00	00	00	....
00C0	00	00	00	00	00	00	00	00	00	00	00	00	00	00	00	00	....
00D0	00	00	00	00	00	00	00	00	00	00	00	00	00	00	00	00	....
00E0	00	00	00	00	00	00	00	00	00	00	00	00	00	00	00	00	....
00F0	00	00	00	00	00	00	00	00	00	00	00	00	00	00	00	00	....

图 4.7 RAM 实例 U7 芯片运行后的结果

4.2 ROM 芯片举例

ROM 芯片的特点是数据一般只读不写,断电后数据不会丢失,包括掩膜只读存储器 MROM(Mask ROM)、可编程只读存储器 PROM(Programmable ROM)、可擦除可编程只读存储器 EPROM(Erasable PROM)、电可擦除可编程只读存储器 EEPROM(Electrically Erasable PROM),常用作主板的 BIOS 芯片存放系统启动程序。下面通过一个实例来了解 ROM 芯片怎样进行数据存取。

【实例要求】 在 8086 系统中,用 27C128 芯片(16 K×8 位)组成地址最高端32 KB 的存储系统,对 FFFF0H 起始的单元依次写入 0~15。

图 4.8 是本例的 ISIS 电路连接图。

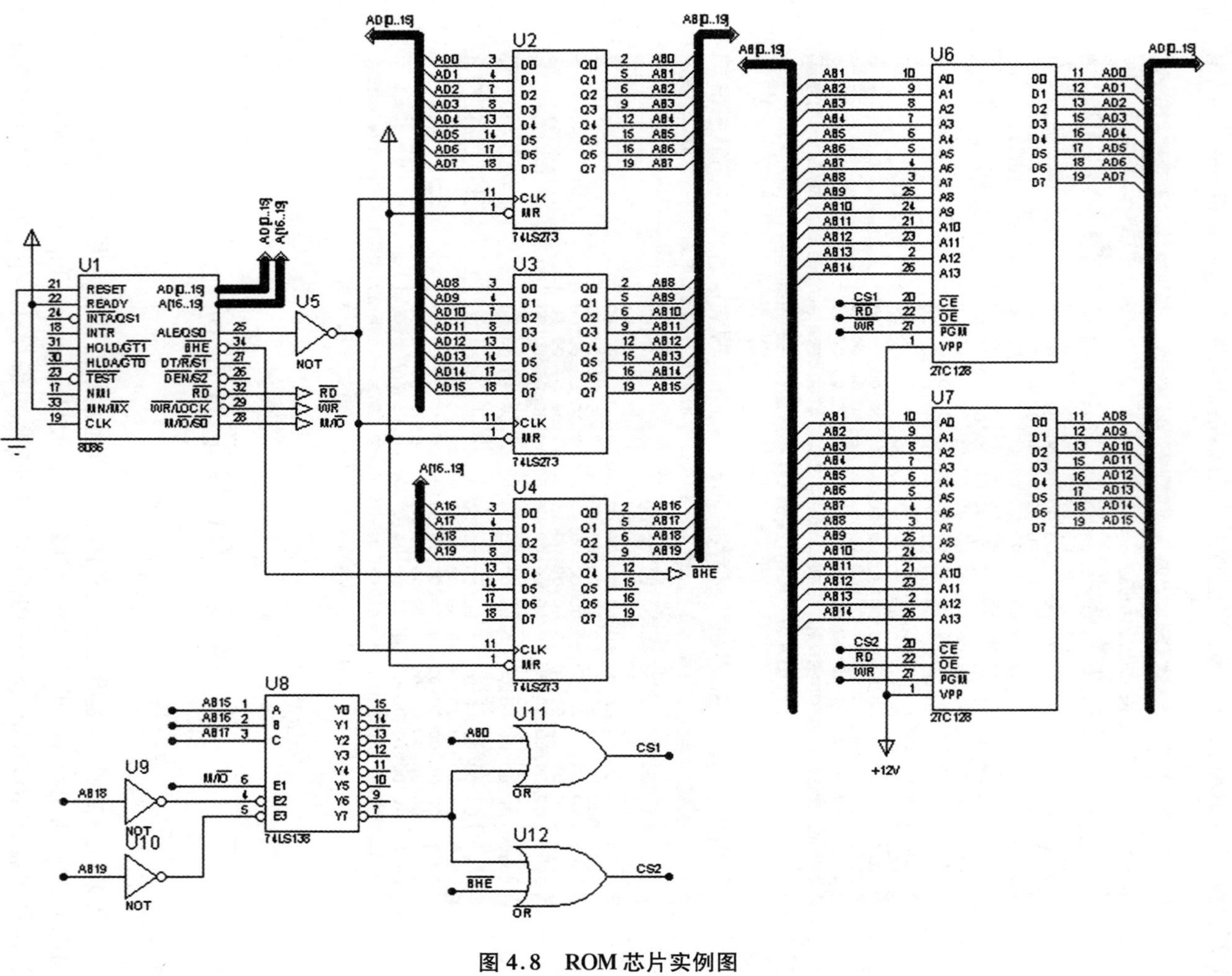

图 4.8 ROM 芯片实例图

4.2.1 连线

本例中 8086 CPU 及 74LS273 地址锁存部分连线同 4.1 节。

1. 27C128

27C128 是一种 16 K×8 位的 CMOS EPROM 芯片，需扩展的总容量为 32 KB，芯片数 = (32 K×8 位)/(16 K×8 位) = 2 片。

在 Proteus 元件库中找到 27C128 芯片，在图形编辑窗口中放置 2 片，连接方法如图 4.9 所示。

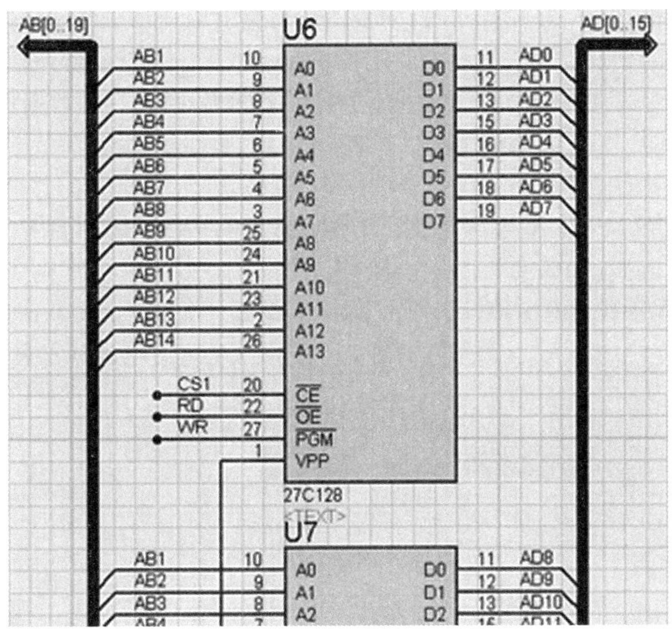

图 4.9 27C128 引脚连接图

(1) A0～A13

14 个地址引脚，输入。27C128 芯片的单元数为 2^{14} = 16 K。

A0～A13 引脚接地址 A1～A14，地址 A0 用于奇地址芯片和偶地址芯片的选择。2 片 27C128 的 A0～A13 引脚连接到 AB[0..19]总线上后，利用标签依次标记为"AB1～AB14"。

(2) D0～D7

8 个数据引脚，可输入、输出。27C128 芯片的字长为 8 位，芯片容量 = 单元数×字长 = 16 K×8 位。

2 片 27C128 芯片的 D0～D7 引脚接 AD[0..15]总线，其中，偶地址低字节芯片 U6 的 D0～D7 引脚标签依次为"AD0～AD7"，奇地址高字节芯片 U7 的 D0～D7 引脚标签依次为"AD8～AD15"。

(3) $\overline{CE}$

片选信号,输入,低电平有效。该引脚有效时芯片才能正常工作。

本例中,U6 和 U7 芯片的$\overline{CE}$引脚连接 74LS138 译码器送出的片选信号,标签名分别为“CS1”和“CS2”。

(4) $\overline{OE}$

输出允许信号,输入,低电平有效。该引脚有效时可以从 27C128 芯片读出数据。

本例中,$\overline{OE}$引脚接 8086 CPU 的$\overline{RD}$引脚,标签名为“ RD ”。

(5) $\overline{PGM}$

编程脉冲信号,输入,低电平有效。该引脚有效时可向芯片中写入数据。

本例中,$\overline{PGM}$引脚接 8086 CPU 的$\overline{WR}$引脚,标签名为“ WR ”。

注意 ROM 芯片一般只读不写,但 EPROM 芯片和 EEPROM 芯片可以在特定的编程电压下对芯片多次改写。这类芯片不像 RAM 芯片如内存条要经常性地读写数据,ROM 芯片如 BIOS(基本输入/输出系统)主要用来读出数据,只在数据需要修改更新时才编程写入。

(6) VPP

编程电压,输入,+12 V 电压有效。元件引脚图中省略了芯片的 VCC(+5 V)电源电压引脚。

将 VPP 引脚接普通电源,默认 +5 V 无标签显示。选中电源后双击左键打开编辑标签对话框,在标号栏中写入“+12V”,如图 4.10 所示;确定后电源标签显示为 +12 V,如图 4.11 所示。

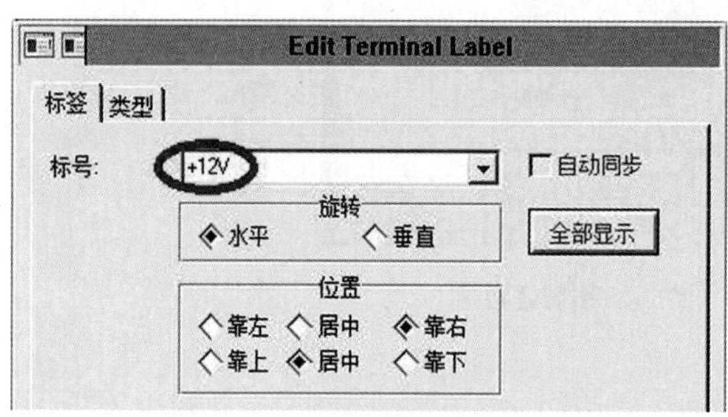

图 4.10 +12 V“电源编辑属性”对话框

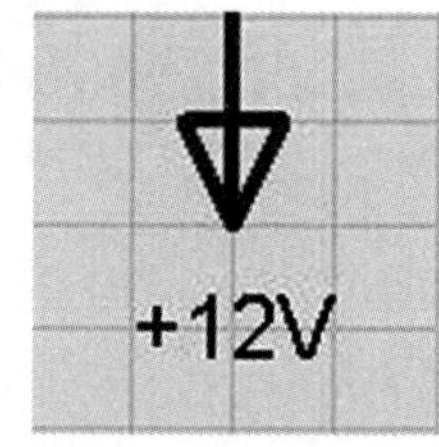

图 4.11 +12 V 电源

2. 74LS138

在 Proteus 元件库中找到 74LS138 芯片,在图形编辑窗口中放置 1 片,连接方法如图 4.12 所示。

本例要求存储系统为地址最高端 32 KB,需要两片 27C128 芯片(16 K×8 位)。

8086 系统的地址总线为 20 位,最高地址为

$2^{20}-1=(2^4)^5-1=(16)^5-1=100000H-1=FFFFFH$

8086 系统的数据总线为 16 位,27C128 芯片的字长为 8 位,需要 2 片 27C128 芯片构成一组,分成奇地址芯片和偶地址芯片。2 片 27C128 芯片共有 16 K×2=32 K 个单元:

$32\ K=2^{15}=2^3\times2^{12}=8\times(2^4)^3=8\times(16)^3=8000H$

2 片 27C128 芯片的起始地址为 FFFFFH－8000H＋1＝F7FFFH＋1＝F8000H，结束地址为 FFFFFH，地址范围为 F8000H～FFFFFH。当 A0＝0 时的 16 K 个偶地址单元为 U6 芯片的单元，当 A0＝1 时的 16 K 个奇地址单元为 U7 芯片的单元。

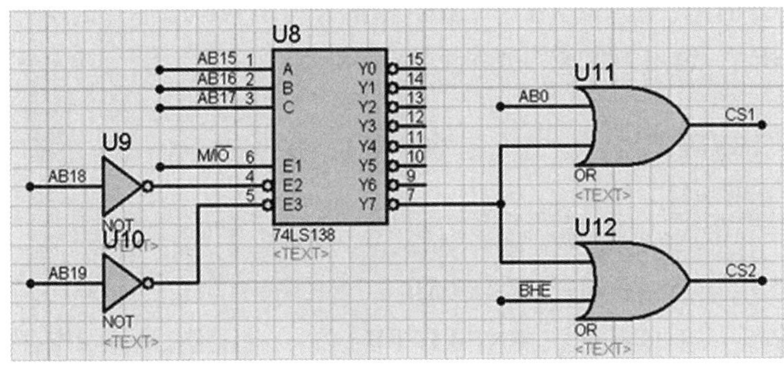

图 4.12　ROM 实例 74LS138 引脚连接图

将以下十六进制地址转化为二进制数：

F8000H：1111 1000 0000 0000 0000

FFFFFH：1111 1111 1111 1111 1111

对应到 20 位地址线如图 4.13 所示。

A19	A18	A17	A16	A15	A14	～	A1
1	1	1	1	1	0	～	0
1	1	1	1	1	1	～	1

A0＝0：偶

$\overline{BHE}$＝0：奇

图 4.13　两片 27C128 地址范围

偶地址芯片 U6 用 A0＝0 选择，奇地址芯片 U7 用$\overline{BHE}$＝0 选择。地址 A14～A1 作为 14 位片内地址同时连接两片 27C128 的 A13～A0 引脚，剩下的地址 A19～A15 保持 11111 不变，作为片外地址连接 74LS138 的引脚，配合 A0 和$\overline{BHE}$引脚完成两片 6264 芯片的选择。

下面介绍 74LS138 的引脚功能及连接方法。

(1) C、B、A

本例中选择 A17、A16、A15 连接 C、B、A 引脚，标签名分别为“AB17”“AB16”“AB15”，如图 4.12 所示。图 4.13 中选中芯片时 A17、A16、A15 的组合即 C、B、A 的组合为 111。

(2) E1、$\overline{E2}$、$\overline{E3}$

本例中还剩 M/$\overline{IO}$引脚及地址线 A18、A19 未连线，选中 27C128 时 M/$\overline{IO}$为 1(选择存储器)，A18、A19 为 1。决定 M/$\overline{IO}$接 E1(标签名为“M/ IO ”)，AB18 通过非门(NOT)接$\overline{E2}$，AB19 通过非门接$\overline{E3}$，如图 4.12 所示。

(3) $\overline{Y7}$

本例中选中 27C128 芯片时 C、B、A 的组合为 111，则$\overline{Y7}$为 0，其余$\overline{Yx}$都为 1。

当$\overline{Y7}$和 A0 同时为 0 时，产生一个为 0 的片选信号 CS1，使偶地址芯片 U6 工作。当$\overline{Y2}$和$\overline{BHE}$同时为 0 时，产生一个为 0 的片选信号 CS2，使奇地址芯片 U7 工作。

在 Proteus 元件库中找到或门（OR），在合适位置放置两片，对应芯片名为 U11、U12。U11 芯片的两个输入端为$\overline{Y7}$和 AB0，输出为“CS1”；U12 芯片的两个输入端为$\overline{Y7}$和$\overline{BHE}$（ \$BHE\$ ），输出为“CS2”，如图 4.12 所示。

4.2.2 源程序

```
CODE      SEGMENT
          ASSUME    CS:CODE
START:    MOV       AX,0FFFFH              ;定义数据段寄存器 DS 的
                                           ;值为 FFFFH
          MOV       DS,AX
          MOV       BX,0                   ;定义偏移地址 EA=BX=0,
                                           ;物理地址=DS×10H+EA=
                                           ;FFFF0H
          MOV       DX,0100H
          MOV       CX,8
          MOV       WORD PTR[BX],0         ;FFFF0H 开始的字单元初始
                                           ;化为 0
NEXT:     MOV       [BX],DX                ;将 DX 写入 FFFF0H 开始的
                                           ;字中
          ADD       DX,0202H
          ADD       BX,2
          LOOP      NEXT
          INT       3
CODE      ENDS
          END       START
```

4.2.3 调试运行

运行后暂停，在调试菜单中选择“4. Memory Contents-U6”和“5. Memory Contents-U7”，查看两片 ROM 芯片 U6、U7 运行后的结果，结果正确，如图 4.14 和图 4.15 所示。

```
Memory Contents - U6
3F00 | FF FF FF FF FF FF FF FF FF FF FF FF FF FF FF FF | ................
3F10 | FF FF FF FF FF FF FF FF FF FF FF FF FF FF FF FF | ................
3F20 | FF FF FF FF FF FF FF FF FF FF FF FF FF FF FF FF | ................
3F30 | FF FF FF FF FF FF FF FF FF FF FF FF FF FF FF FF | ................
3F40 | FF FF FF FF FF FF FF FF FF FF FF FF FF FF FF FF | ................
3F50 | FF FF FF FF FF FF FF FF FF FF FF FF FF FF FF FF | ................
3F60 | FF FF FF FF FF FF FF FF FF FF FF FF FF FF FF FF | ................
3F70 | FF FF FF FF FF FF FF FF FF FF FF FF FF FF FF FF | ................
3F80 | FF FF FF FF FF FF FF FF FF FF FF FF FF FF FF FF | ................
3F90 | FF FF FF FF FF FF FF FF FF FF FF FF FF FF FF FF | ................
3FA0 | FF FF FF FF FF FF FF FF FF FF FF FF FF FF FF FF | ................
3FB0 | FF FF FF FF FF FF FF FF FF FF FF FF FF FF FF FF | ................
3FC0 | FF FF FF FF FF FF FF FF FF FF FF FF FF FF FF FF | ................
3FD0 | FF FF FF FF FF FF FF FF FF FF FF FF FF FF FF FF | ................
3FE0 | FF FF FF FF FF FF FF FF FF FF FF FF FF FF FF FF | ................
3FF0 | FF FF FF FF FF FF FF FF 00 02 04 06 08 0A 0C 0E | ................
```

图 4.14　ROM 实例 U6 芯片运行后的结果

```
Memory Contents - U7
3F00 | FF FF FF FF FF FF FF FF FF FF FF FF FF FF FF FF | ................
3F10 | FF FF FF FF FF FF FF FF FF FF FF FF FF FF FF FF | ................
3F20 | FF FF FF FF FF FF FF FF FF FF FF FF FF FF FF FF | ................
3F30 | FF FF FF FF FF FF FF FF FF FF FF FF FF FF FF FF | ................
3F40 | FF FF FF FF FF FF FF FF FF FF FF FF FF FF FF FF | ................
3F50 | FF FF FF FF FF FF FF FF FF FF FF FF FF FF FF FF | ................
3F60 | FF FF FF FF FF FF FF FF FF FF FF FF FF FF FF FF | ................
3F70 | FF FF FF FF FF FF FF FF FF FF FF FF FF FF FF FF | ................
3F80 | FF FF FF FF FF FF FF FF FF FF FF FF FF FF FF FF | ................
3F90 | FF FF FF FF FF FF FF FF FF FF FF FF FF FF FF FF | ................
3FA0 | FF FF FF FF FF FF FF FF FF FF FF FF FF FF FF FF | ................
3FB0 | FF FF FF FF FF FF FF FF FF FF FF FF FF FF FF FF | ................
3FC0 | FF FF FF FF FF FF FF FF FF FF FF FF FF FF FF FF | ................
3FD0 | FF FF FF FF FF FF FF FF FF FF FF FF FF FF FF FF | ................
3FE0 | FF FF FF FF FF FF FF FF FF FF FF FF FF FF FF FF | ................
3FF0 | FF FF FF FF FF FF FF FF 01 03 05 07 09 0B 0D 0F | ................
```

图 4.15　ROM 实例 U7 芯片运行后的结果

4.3　RAM、ROM 芯片组合举例

真实系统中既有 RAM 芯片也有 ROM 芯片，本节结合以上两个实例，实现 RAM 芯片、ROM 芯片同时与 CPU 连接。

【实例要求】　8086 系统中，用 6264 芯片（8 K×8 位）组成起始地址为 8000H 的 16 KB的 RAM 存储系统，用 27C128 芯片（16 K×8 位）组成地址最高端 32 KB 的 ROM 存储系统。先对 ROM 芯片中 FFFF0H 起始的单元依次写入 0～15，因 ROM 芯片断电后数据不会丢失，重新编写程序后，从 ROM 芯片依次读出这 16 个数，并写入 RAM 芯片 8000H 起始的单元中。

图 4.16 是本例的 ISIS 电路连接图。

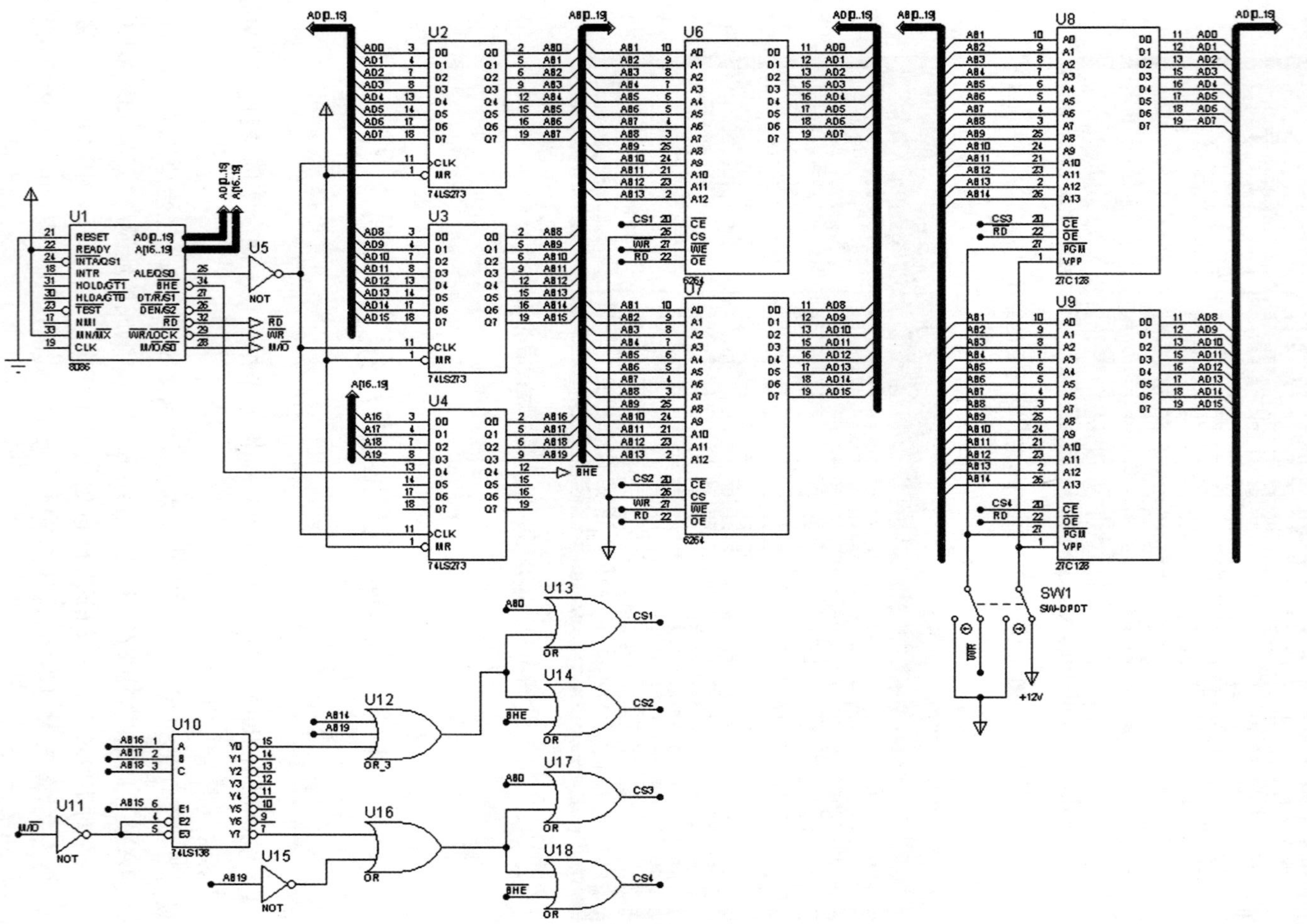

图 4.16 RAM、ROM 芯片组合实例图

4.3.1 连线

8086 CPU 及 74LS273 地址锁存部分连线同 4.1 节。因元器件较多，默认的 A4 图纸放不下，可在“系统”菜单中，选择设置图纸大小选项，在打开的“图纸尺寸设置”对话框中选择 A3 图纸，如图 4.17 所示。

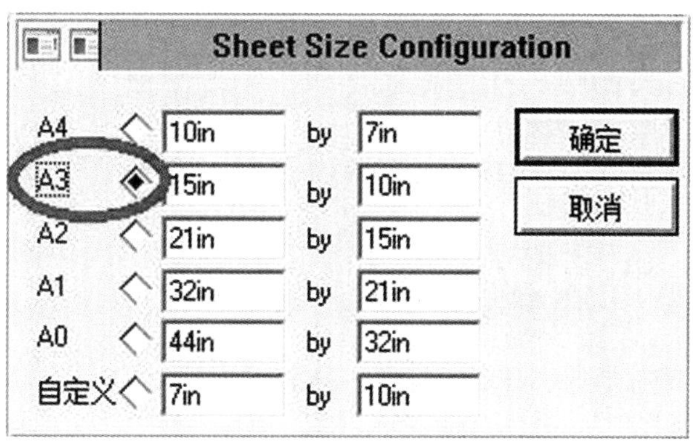

图 4.17 图纸尺寸设置对话框

1. 6264

6264 芯片连线类似 4.1 节，不同处为两片 6264 的 CS 引脚(片选信号，高电平有效)由接 8086 CPU 的 M/$\overline{IO}$引脚改为并接电源，如图 4.18 所示，M/$\overline{IO}$引脚用于连接 74LS138 芯片。

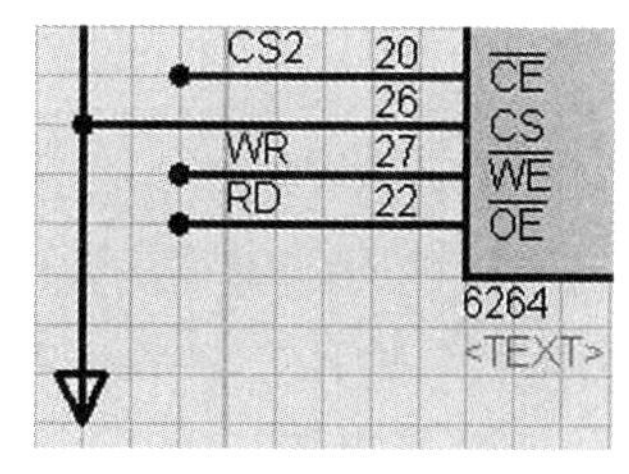

图4.18 6264 的 CS 引脚连接图

2. 27C128

27C128 芯片连线类似 4.2 节，不同处如图 4.19 所示。

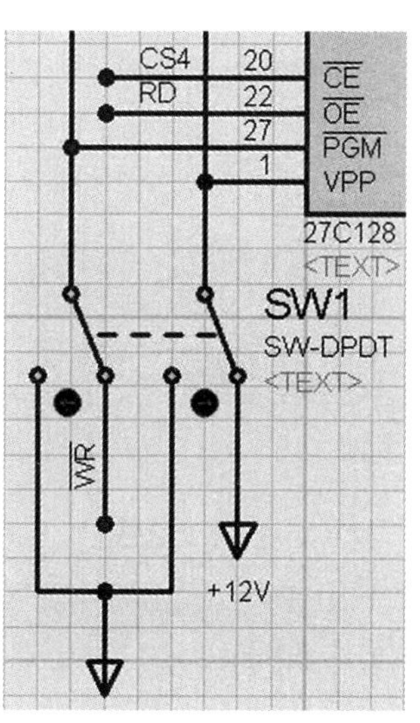

图 4.19 写入

(1) $\overline{\text{CE}}$

两片 27C128 芯片$\overline{\text{CE}}$引脚（片选信号，低电平有效）的标签名由“CS1”“CS2”改为“CS3”“CS4”，标签“CS1”“CS2”现在用来选择两片 6264 芯片。

(2) $\overline{\text{PGM}}$和VPP

本例选择双刀双掷开关 SW-DPDT 对这两个引脚进行连接，如图 4.19、图 4.20 所示。

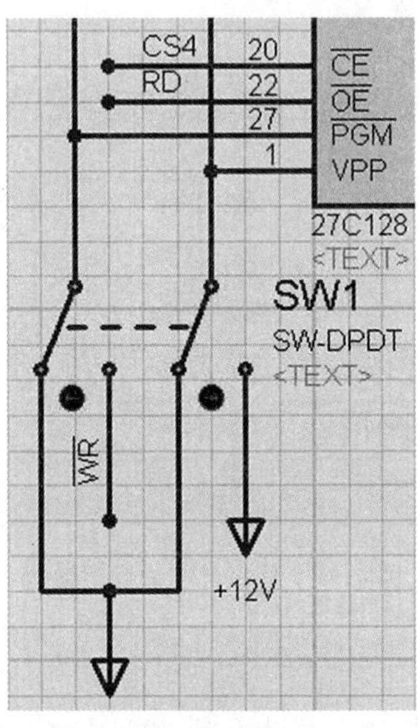

图 4.20　读出

在对 27C128 芯片写入时，$\overline{\text{PGM}}$引脚（编程脉冲，低电平有效）和 VPP 引脚（编程电压，+12 V 有效）的连接方法和 4.2 节相同，应分别连接 8086 CPU 的$\overline{\text{WR}}$引脚（WR）和+12 V 电源。

在对 27C128 芯片读出时，两个引脚都应连接+5 V 电源，表示芯片不能写只能读。

3. 74LS138

本例的 74LS138 芯片连接方法如图 4.21 所示。

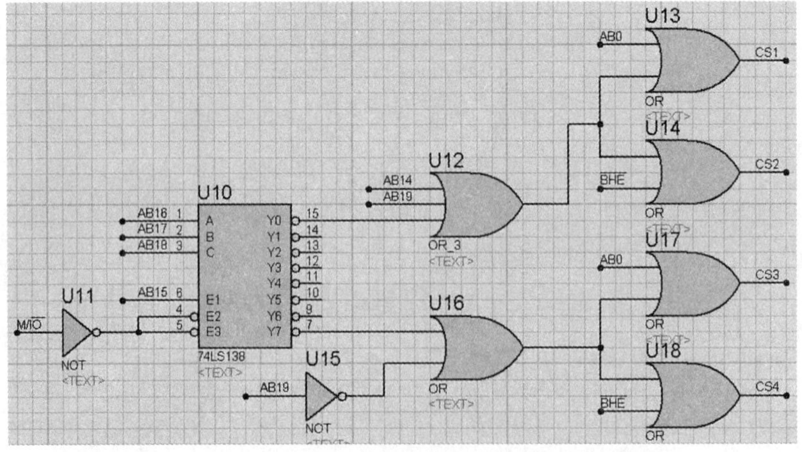

图 4.21　RAM、ROM 组合实例 74LS138 引脚连接图

用6264芯片(8 K×8位)组成起始地址为8000H的16 KB的RAM存储系统,用27C128芯片(16 K×8位)组成地址最高端32 KB的ROM存储系统。结合4.1节和4.2节,对应到地址线如图4.22所示。

	A19	A18	A17	A16	A15	A14	A13	～	A1	
6264	0	0	0	0	1	0	0	～	0	A0＝0:偶
	0	0	0	0	1	0	1	～	1	$\overline{\text{BHE}}$＝0:奇
27C128	1	1	1	1	1	0		～	0	A0＝0:偶
	1	1	1	1	1	1		～	1	$\overline{\text{BHE}}$＝0:奇

图4.22　两片6264和两片27C128地址范围

与前两节相同,地址$\overline{\text{BHE}}$、A0用于配合选择奇、偶地址芯片,6264的片内地址为A1～A13,27C128的片内地址为A1～A14。下面介绍74LS138的引脚连接方法。

(1) C、B、A

选择A18、A17、A16连接74LS138的C、B、A引脚完成芯片选择,标签名分别为"AB18""AB17""AB16",如图4.21所示。在图4.22中选中两片6264时,C、B、A的组合为000,$\overline{\text{Y0}}$为0。选中两片27C128时,C、B、A的组合为111,$\overline{\text{Y7}}$为0。

(2) E1、$\overline{\text{E2}}$、$\overline{\text{E3}}$

选中4片芯片中的任意一片时,A15为1,M/$\overline{\text{IO}}$为1。决定AB15接E1,M/$\overline{\text{IO}}$通过非门(NOT)并接$\overline{\text{E2}}$和$\overline{\text{E3}}$(标签名为"M/ IO ")。

(3) $\overline{\text{Y0}}$

选中两片6264时,$\overline{\text{Y0}}$为0,剩余地址线中A19为0,A14为0。决定将AB14、AB19和$\overline{\text{Y0}}$连接三引脚或门(OR_3),保证当这三个引脚都为0时才会输出0。然后将输出端和AB0、$\overline{\text{BHE}}$组合成6264偶地址芯片U6的选择端"CS1"和奇地址芯片U7的选择端"CS2"。

(4) $\overline{\text{Y7}}$

选中两片27C128时,$\overline{\text{Y7}}$为0,剩余地址线中A19为1。决定AB19通过非门(NOT)后再与$\overline{\text{Y7}}$连接或门(OR),这就保证了当A19为1且$\overline{\text{Y7}}$为0时才会输出0。最后将输出端和AB0、$\overline{\text{BHE}}$组合成27C128偶地址芯片U8的选择端"CS3"和奇地址芯片U9的选择端"CS4"。

4.3.2　源程序

1. 对ROM芯片27C128写入

```
CODE      SEGMENT
          ASSUME    CS:CODE
START:    MOV       AX,0FFFFH
          MOV       DS,AX
          MOV       BX,0
```

```
         MOV     DX,0100H
         MOV     CX,8
         MOV     WORD PTR[BX],0
NEXT:    MOV     [BX],DX
         ADD     DX,0202H
         ADD     BX,2
         LOOP    NEXT
         INT     3
CODE     ENDS
         END     START
```

2. 从 ROM 芯片 27C128 读出,写入 RAM 芯片 6264

```
CODE     SEGMENT
         ASSUME  CS:CODE
START:   MOV     AX,0FFFFH         ;定义数据段寄存器 DS 的
                                   ;值为 FFFFH
         MOV     DS,AX
         MOV     AX,0800H          ;定义附加段寄存器 ES 的
                                   ;值为 0800H
         MOV     ES,AX
         MOV     BX,0              ;定义偏移地址 EA=BX=0,
                                   ;物理地址=DS×10H+EA=
                                   ;FFFF0H
         MOV     SI,0              ;定义偏移地址 EA=SI=0,
                                   ;物理地址=ES×10H+EA=
                                   ;08000H
         MOV     CX,8              ;循环次数为 8
         MOV     WORD PTR ES:[SI],0
                                   ;ES:为段超越前缀,
                                   ;用于将默认的 DS 段改为
                                   ;ES 段,
                                   ;08000H 开始的字单元初
                                   ;始化为 0
NEXT:    MOV     AX,DS:[BX]        ;读出 ROM 存储器
                                   ;FFFF0H 开始的字
         MOV     ES:[SI],AX        ;写入 RAM 存储器 08000H
                                   ;开始的字中
         ADD     BX,2              ;改变 ROM 存储器地址指
                                   ;向下一个字
         ADD     SI,2              ;改变 RAM 存储器地址指
```

```
                                        ;向下一个字
            LOOP        NEXT
            INT         3
CODE        ENDS
            END         START
```

4.3.3 调试运行

① 首先将双刀双掷开关拨动到写入状态，如图 4.19 所示，添加的源代码为程序 1（对 ROM 芯片 27C128 写入）。

运行后暂停，在调试菜单中选择“6. Memory Contents-U8”和“7. Memory Contents-U9”，查看两片 ROM 芯片 U8、U9 运行后的结果，结果正确，如图 4.23 和图 4.24 所示。

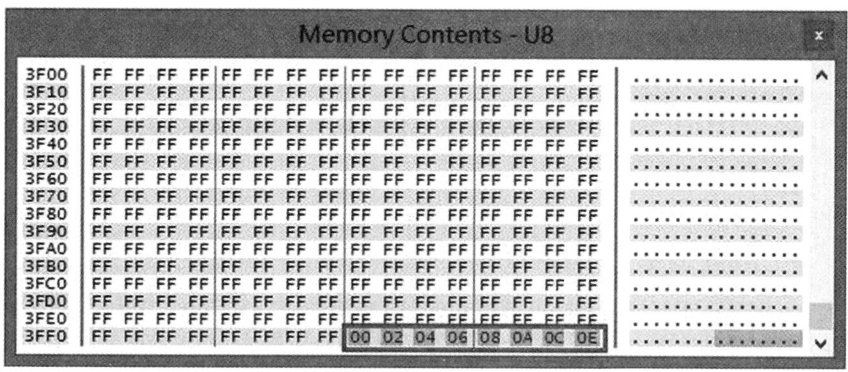

图 4.23 RAM、ROM 组合实例 ROM U8 芯片运行后的结果

```
Memory Contents - U9
3F00 FF FF FF FF FF FF FF FF FF FF FF FF FF FF FF FF
3F10 FF FF FF FF FF FF FF FF FF FF FF FF FF FF FF FF
3F20 FF FF FF FF FF FF FF FF FF FF FF FF FF FF FF FF
3F30 FF FF FF FF FF FF FF FF FF FF FF FF FF FF FF FF
3F40 FF FF FF FF FF FF FF FF FF FF FF FF FF FF FF FF
3F50 FF FF FF FF FF FF FF FF FF FF FF FF FF FF FF FF
3F60 FF FF FF FF FF FF FF FF FF FF FF FF FF FF FF FF
3F70 FF FF FF FF FF FF FF FF FF FF FF FF FF FF FF FF
3F80 FF FF FF FF FF FF FF FF FF FF FF FF FF FF FF FF
3F90 FF FF FF FF FF FF FF FF FF FF FF FF FF FF FF FF
3FA0 FF FF FF FF FF FF FF FF FF FF FF FF FF FF FF FF
3FB0 FF FF FF FF FF FF FF FF FF FF FF FF FF FF FF FF
3FC0 FF FF FF FF FF FF FF FF FF FF FF FF FF FF FF FF
3FD0 FF FF FF FF FF FF FF FF FF FF FF FF FF FF FF FF
3FE0 FF FF FF FF FF FF FF FF FF FF FF FF FF FF FF FF
3FF0 FF FF FF FF FF FF FF FF 01 03 05 07 09 0B 0D 0F
```

图 4.24 RAM、ROM 组合实例 ROM U9 芯片运行后的结果

② 单击停止运行按钮，终止程序，因 ROM 芯片断电后数据不丢失，可以完成接下来的读出操作。将双刀双掷开关拨动到读出状态，如图 4.20 所示，再将源代码更改为程序 2（从 ROM 芯片 27C128 读出，写入 RAM 芯片 6264）。

运行后暂停，在调试菜单中选择“4. Memory Contents-U6”和“5. Memory Contents-

U7”,查看两片 RAM 芯片 U6、U7 运行后的结果,结果正确,如图 4.25 和图 4.26 所示。

Memory Contents - U6

0000	00	02	04	06	08	0A	0C	0E	00	00	00	00	00	00	00	00	....
0010	00	00	00	00	00	00	00	00	00	00	00	00	00	00	00	00	....
0020	00	00	00	00	00	00	00	00	00	00	00	00	00	00	00	00	....
0030	00	00	00	00	00	00	00	00	00	00	00	00	00	00	00	00	....
0040	00	00	00	00	00	00	00	00	00	00	00	00	00	00	00	00	....
0050	00	00	00	00	00	00	00	00	00	00	00	00	00	00	00	00	....
0060	00	00	00	00	00	00	00	00	00	00	00	00	00	00	00	00	....
0070	00	00	00	00	00	00	00	00	00	00	00	00	00	00	00	00	....
0080	00	00	00	00	00	00	00	00	00	00	00	00	00	00	00	00	....
0090	00	00	00	00	00	00	00	00	00	00	00	00	00	00	00	00	....
00A0	00	00	00	00	00	00	00	00	00	00	00	00	00	00	00	00	....
00B0	00	00	00	00	00	00	00	00	00	00	00	00	00	00	00	00	....
00C0	00	00	00	00	00	00	00	00	00	00	00	00	00	00	00	00	....
00D0	00	00	00	00	00	00	00	00	00	00	00	00	00	00	00	00	....
00E0	00	00	00	00	00	00	00	00	00	00	00	00	00	00	00	00	....
00F0	00	00	00	00	00	00	00	00	00	00	00	00	00	00	00	00	....

图 4.25　RAM、ROM 组合实例 RAM U6 芯片运行后的结果

Memory Contents - U7

0000	01	03	05	07	09	0B	0D	0F	00	00	00	00	00	00	00	00	....
0010	00	00	00	00	00	00	00	00	00	00	00	00	00	00	00	00	....
0020	00	00	00	00	00	00	00	00	00	00	00	00	00	00	00	00	....
0030	00	00	00	00	00	00	00	00	00	00	00	00	00	00	00	00	....
0040	00	00	00	00	00	00	00	00	00	00	00	00	00	00	00	00	....
0050	00	00	00	00	00	00	00	00	00	00	00	00	00	00	00	00	....
0060	00	00	00	00	00	00	00	00	00	00	00	00	00	00	00	00	....
0070	00	00	00	00	00	00	00	00	00	00	00	00	00	00	00	00	....
0080	00	00	00	00	00	00	00	00	00	00	00	00	00	00	00	00	....
0090	00	00	00	00	00	00	00	00	00	00	00	00	00	00	00	00	....
00A0	00	00	00	00	00	00	00	00	00	00	00	00	00	00	00	00	....
00B0	00	00	00	00	00	00	00	00	00	00	00	00	00	00	00	00	....
00C0	00	00	00	00	00	00	00	00	00	00	00	00	00	00	00	00	....
00D0	00	00	00	00	00	00	00	00	00	00	00	00	00	00	00	00	....
00E0	00	00	00	00	00	00	00	00	00	00	00	00	00	00	00	00	....
00F0	00	00	00	00	00	00	00	00	00	00	00	00	00	00	00	00	....

图 4.26　RAM、ROM 组合实例 RAM U7 芯片运行后的结果

在 8086 系统中,用 6264 芯片(8 K×8 位)组成起始地址为 8000H 的 16 KB 的 RAM 存储系统,用 27C128 芯片(16 K×8 位)组成地址最高端 32 KB 的 ROM 存储系统。先对 F8000H 起始的 ROM 单元依次写入 A～Z 这 26 个大写字母,再从 ROM 芯片依次读出这些字母,并写入 8000H 起始的 RAM 单元中。

第5章　可编程计数器/定时器8253

本章知识点

1. 8253芯片6种工作方式的工作特点及使用方法。
2. 8253各引脚功能及与8086 CPU地址、数据、控制引脚的连接方法。
3. 8253的初始化控制字格式及初始化方法。

输入、输出设备又称为外部设备或I/O设备，可以将数据从外部送入计算机内部或将结果送给用户。由于外设种类繁多，需要配备不同的I/O接口电路进行CPU与外设之间的信息交换，以实现两者间的速度匹配、信号匹配、中断控制等。

CPU通过访问I/O接口电路中的端口对外设进行访问。端口即接口电路中保存不同信息的寄存器，包括数据端口、状态端口和控制端口三类。8086通过IN指令和OUT指令对各端口进行访问，用地址线的低16位(A0～A15)来寻址最多$2^{16}=65536$个输入/输出端口。

简单的接口芯片如锁存器74LS273、缓冲器74LS245，还有可编程计数器/定时器8253、可编程并行接口芯片8255、可编程中断控制器8259等。

8253是一种可编程计数器/定时器，具有3个16位的计数器通道，即计数器0、计数器1、计数器2，可工作于6种工作方式，包括方式0～方式5，可按二进制/十进制计数，最高计数频率为2 MHz。

本章将通过实例介绍8253的应用。

5.1　方式0、方式1举例

方式0：计数结束中断方式，适用于定时或计数。

方式1：可编程单稳态输出方式，适用于产生单脉冲。

【实例要求】　选用8253构成硬件电路，端口地址为40H、42H、44H、46H，分别用方式0、方式1实现开关闭合5 s后点亮发光二极管。

图5.1是本例的ISIS电路连接图。

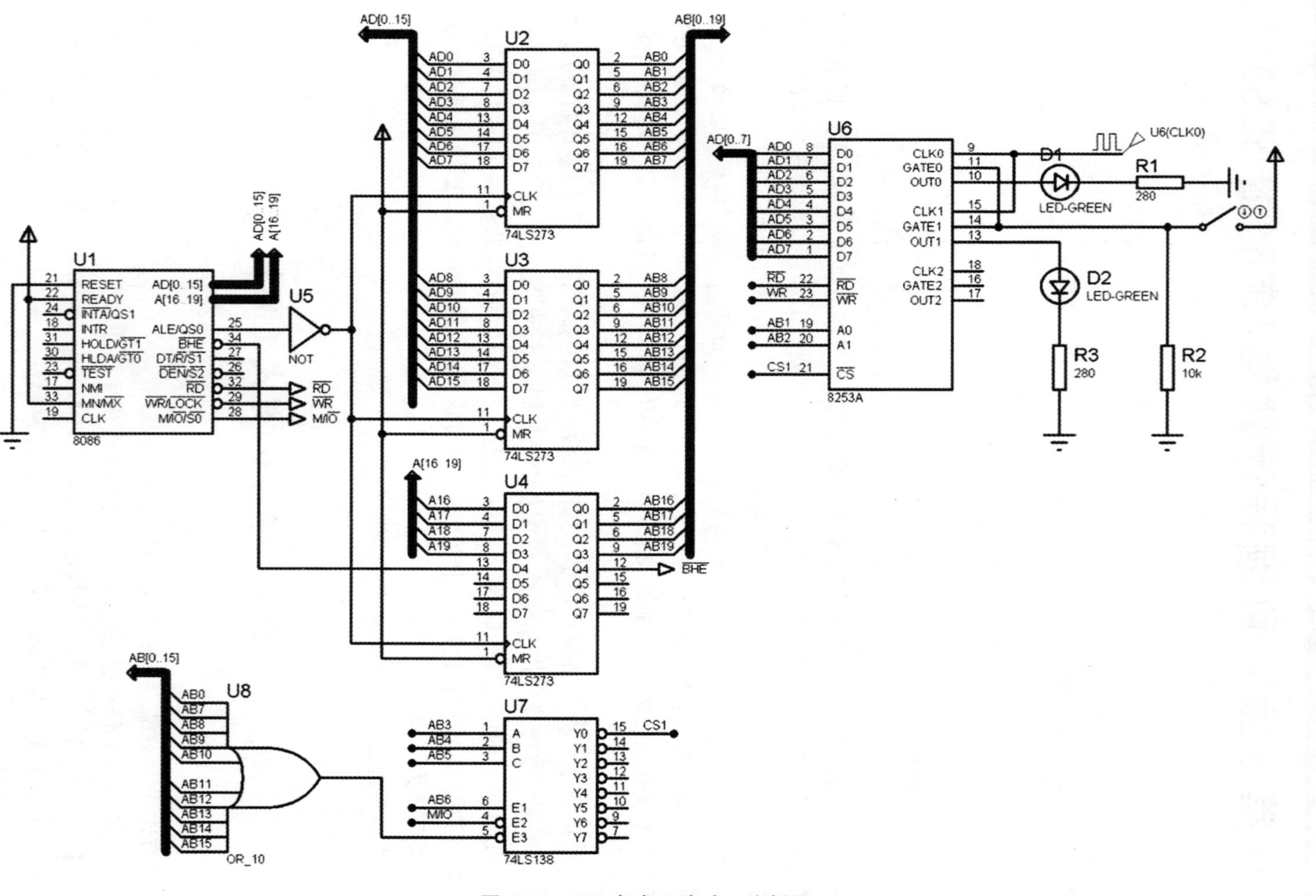

图 5.1　8253 方式 0、方式 1 实例图

5.1.1 方式 0、方式 1

8253 的每个计数器都有以下 3 个引脚：

- CLK：时钟信号。
- OUT：输出信号。
- GATE：门控信号。

计数过程：每输入一个 CLK 脉冲，计数值减 1，减到 0 时，OUT 引脚输出一个脉冲，期间 GATE 可以控制是否计数。

1．方式 0：计数结束中断方式

方式 0 的波形如图 5.2 所示，工作过程如下：

(1) 写入控制字，OUT 变为低电平。

(2) 写入初值，且 GATE 为高电平，下一个 CLK 的下降沿开始减 1 计数。

(3) 计数期间，若 GATE 变为低电平，暂停计数。

(4) 计数到 0，OUT 变为高电平，完成计数。

计数完成时，OUT 由低向高的跳变可以作为中断请求信号。

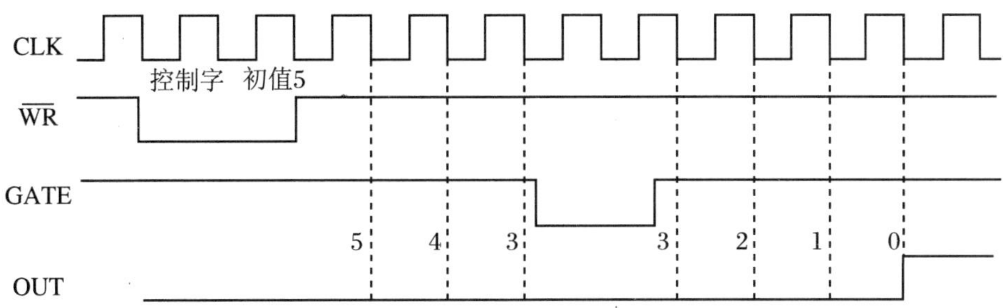

图 5.2 方式 0 波形图

本例中，需实现开关闭合 5 s 后点亮发光二极管。决定计数器 0 工作于方式 0，CLK 的时钟频率 F 为 1 Hz，时钟周期 $T=1/F=1$ s，初值为 5，GATE 接开关，OUT 接发光二极管，则写入初值且开关闭合 5 s 后，OUT 输出高电平点亮发光二极管。

2．方式 1：可编程单稳态输出方式

方式 1 的波形如图 5.3 所示，工作过程如下：

(1) 写入控制字，OUT 变为高电平。

(2) 写入初值不计数，当 GATE 有一个上升沿（低电平变为高电平）时，下一个 CLK 的下降沿开始减 1 计数，OUT 变为低电平。

(3) 计数期间，GATE 变为低电平无影响，若 GATE 有一个上升沿则重新计数。

(4) 计数到 0，OUT 变为高电平，完成计数。

计数过程中，若 GATE 不变化，OUT 保持计数初值个低电平。

本例中，需实现开关闭合 5 s 后点亮发光二极管。决定计数器 1 工作于方式 1，CLK 的时钟频率为 1 Hz，即时钟周期为 1 s，初值为 5，GATE 接开关，OUT 接发光二极管。写入初值，OUT 输出高电平，发光二极管亮；开关闭合，OUT 输出低电平，发光二极管灭；5 s后 OUT 输出高电平，发光二极管亮。

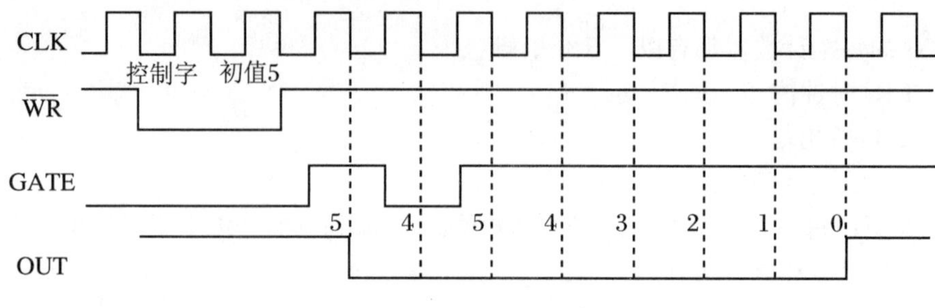

图 5.3 方式 1 波形图

5.1.2 连线

1. 8253

在 Proteus 元件库中找到 8253A 芯片，在图形编辑窗口中放置后，连接方法如图 5.4 所示。

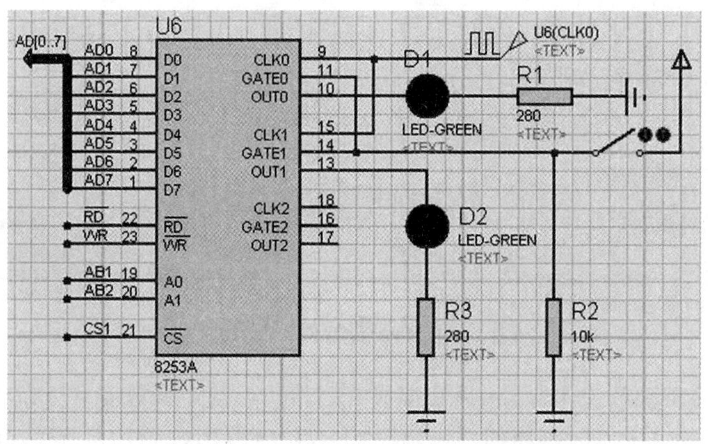

图 5.4 8253 方式 0、方式 1 引脚连接图

(1) CLK0

计数器 0 的时钟信号，输入。本例中连接频率为 1 Hz 的时钟脉冲。

首先，左键单击 CLK0 引脚，拖动到合适位置后，双击左键完成画线，如图 5.5 所示。

然后，单击绘图工具栏中的激励源模式按钮，在对象选择窗口中单击 DCLOCK（时钟脉冲），如图 5.6 所示。

为了方便连接，可以单击“对象方位控制”按钮栏中的“X-镜像”按钮，使 DCLOCK 水平翻转后，如图 5.7 所示。

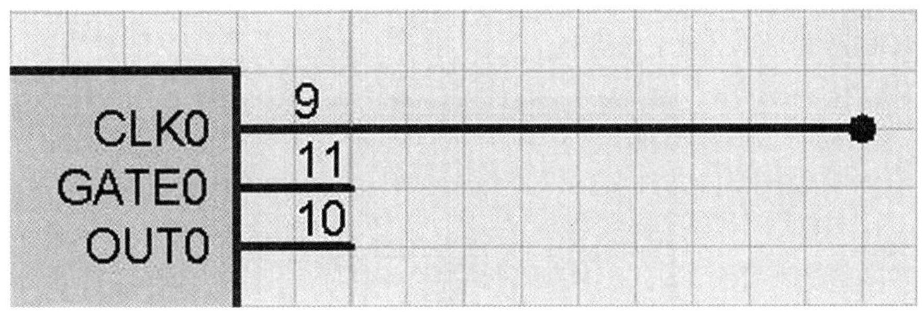

图 5.5　CLK0 引脚连线

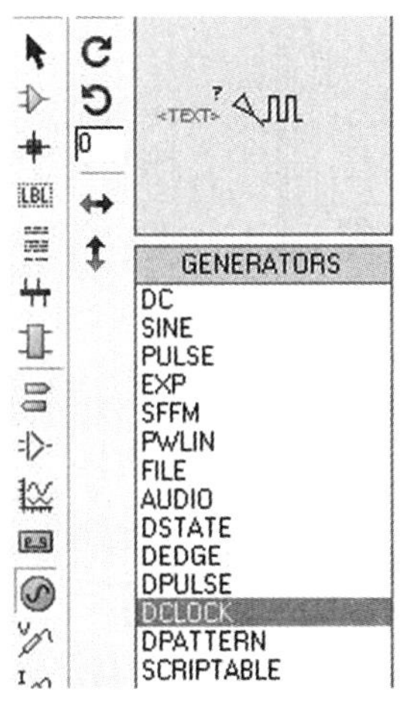

图 5.6　DCLOCK

图 5.7　DCLOCK 水平翻转

鼠标靠近 CLK0 引脚连线，出现一个白色“×”时，单击左键，在连线上添加 DCLOCK 信号，如图 5.8 所示。

右键双击连线最右端，删除多余连线，如图 5.9 所示。

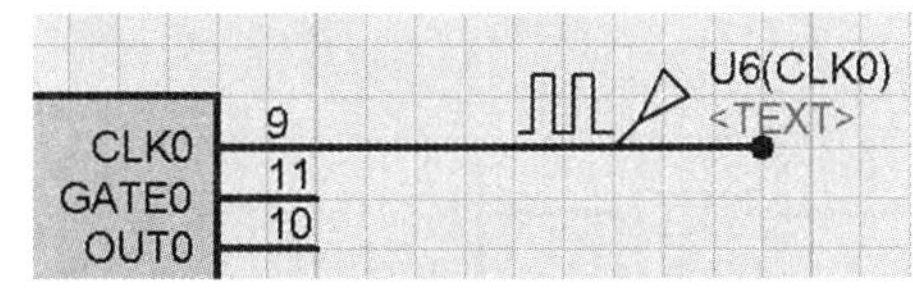

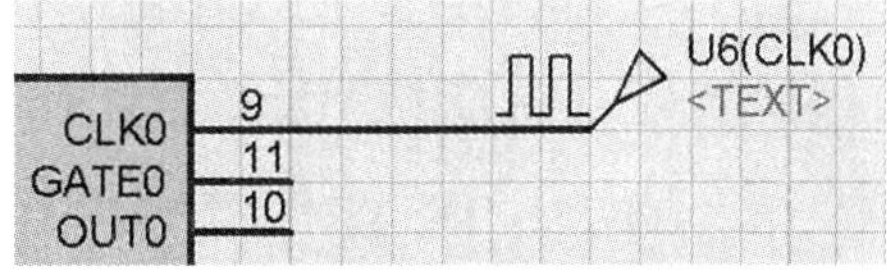

图 5.8　添加 DCLOCK

图 5.9　删除多余连线

左键双击 DCLOCK 信号，打开“数字时钟发生器属性”对话框，时钟频率默认为 1 Hz，如图 5.10 所示。

(2) GATE0

计数器 0 的门控信号，输入。连接方法如图 5.11 所示，图中元件包括限流电阻(RES)、开关(SWITCH)、电源(POWER)和地(GROUND)。开关断开为 0，闭合为 1。

(3) OUT0

计数器 0 的输出信号，输出。连接方法如图 5.12 所示，图中元件包括发光二极管

(LED-GREEN)、限流电阻(RES,阻值 280Ω)和地(GROUND)。OUT0 输出 0,发光二极管灭;OUT0 输出 1,发光二极管亮。

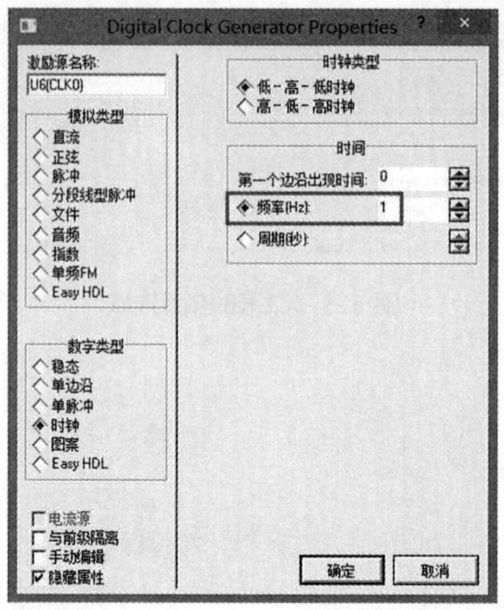

图 5.10 DCLOCK 属性对话框

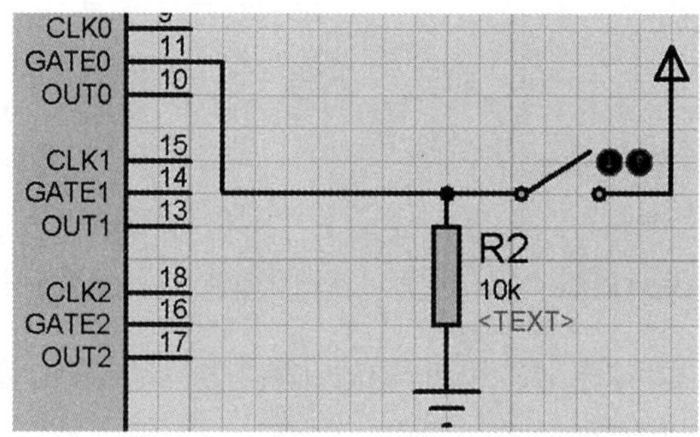

图 5.11 GATE0 引脚连接图

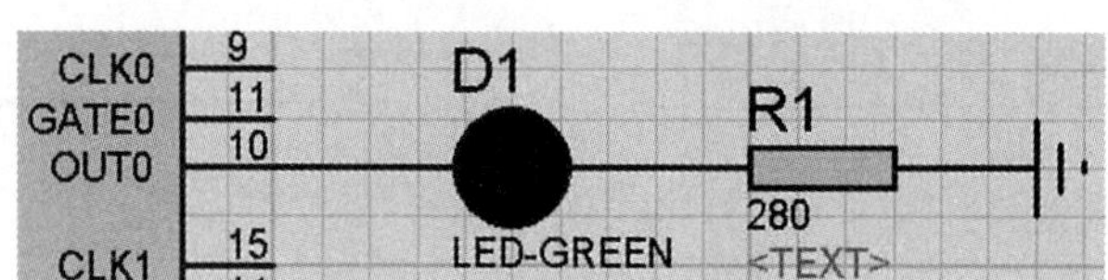

图 5.12 OUT0 引脚连接图

(4) CLK1

计数器 1 的时钟信号,输入。本例中连接频率为 1 Hz 的时钟脉冲,选择并接到 CLK0 引脚连线上,如图 5.13 所示。

(5) GATE1

计数器 1 的门控信号,输入。本例中选择并接到 GATE0 引脚连线上,连接方法如图 5.14 所示。

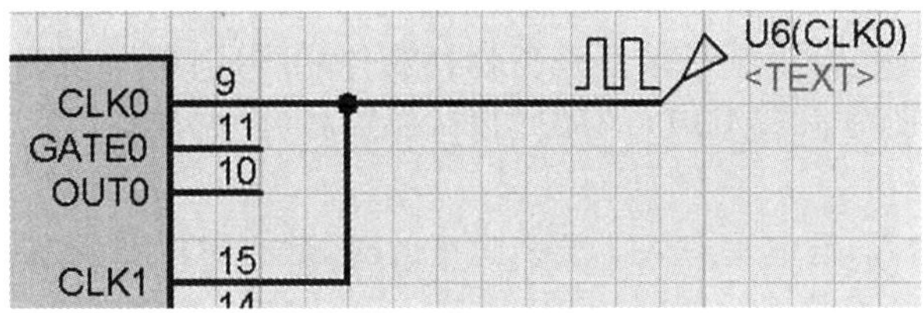

图 5.13　CLK1 引脚连接图

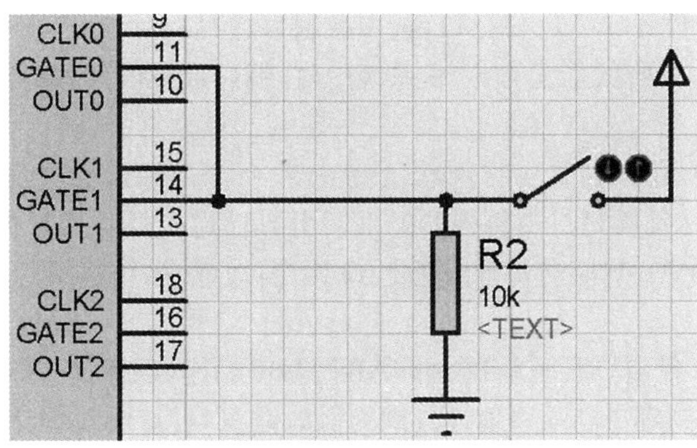

图 5.14　GATE1 引脚连接图

(6) OUT1

计数器 1 的输出信号,输出。连接方法同 OUT0,如图 5.15 所示。

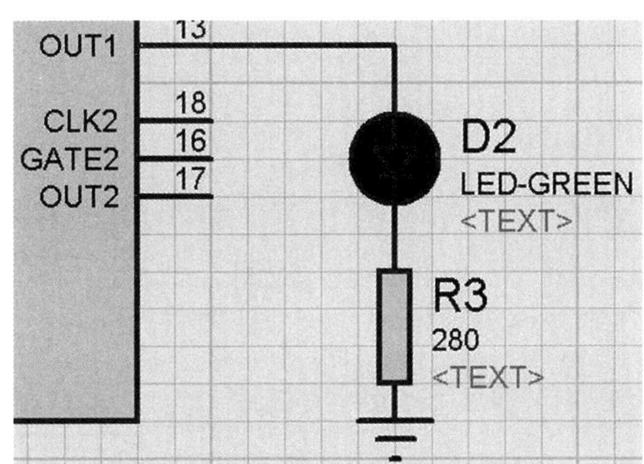

图 5.15　OUT1 引脚连接图

(7) D0～D7

8 个双向数据引脚,用于和 CPU 传送数据。

本例中通过终端法连接到低 8 位数据总线 AD[0..7],D0～D7 的引脚标签依次为"AD0～AD7",如图 5.4 所示。

(8) $\overline{\mathrm{RD}}$

读允许信号，输入，低电平有效。该引脚有效时，可以从 8253 芯片读出数据。

本例中，$\overline{\mathrm{RD}}$引脚接 8086 CPU 的$\overline{\mathrm{RD}}$引脚，标签名为“RD”。

(9) $\overline{\mathrm{WR}}$

写允许信号，输入，低电平有效。该引脚有效时，数据可以写入 8253 芯片。

本例中，$\overline{\mathrm{WR}}$引脚接 8086 CPU 的$\overline{\mathrm{WR}}$引脚，标签名为“WR”。

(10) A1、A0

端口选择信号，输入。A1 A0 = 00，选中计数器 0；A1 A0 = 01，选中计数器 1；A1 A0 = 10，选中计数器 2；A1 A0 = 11，选中控制端口。

当 8253 用在 8 位数据总线的 8088 系统中时，端口选择信号 A1 A0 与地址线 A1 A0 相连。

当 8253 用在 16 位数据总线的 8086 系统中时，一般将低 8 位数据送到偶地址端口，高 8 位数据送到奇地址端口。本例中 D0～D7 引脚已连接低 8 位数据总线 AD[0..7]，所以端口选择信号 A1 A0 应与地址线 A2 A1 相连，地址线 A0 接 0 以保证数据只送到偶地址端口。

本例中 A1、A0 分别与地址总线中的 AB2、AB1 相连，以保证 8253 的计数器 0、计数器 1、计数器 2 和控制端口的端口地址分别为偶地址 40H、42H、44H 和 46H。

(11) $\overline{\mathrm{CS}}$

片选信号，输入，低电平有效。该引脚有效时芯片才能正常工作。

本例中，$\overline{\mathrm{CS}}$引脚连接 74LS138 译码器送出的片选信号，标签名为“CS1”。

2. 74LS138

在 Proteus 元件库中找到 74LS138 芯片，在图形编辑窗口中放置 1 片，连接方法如图 5.16 所示。

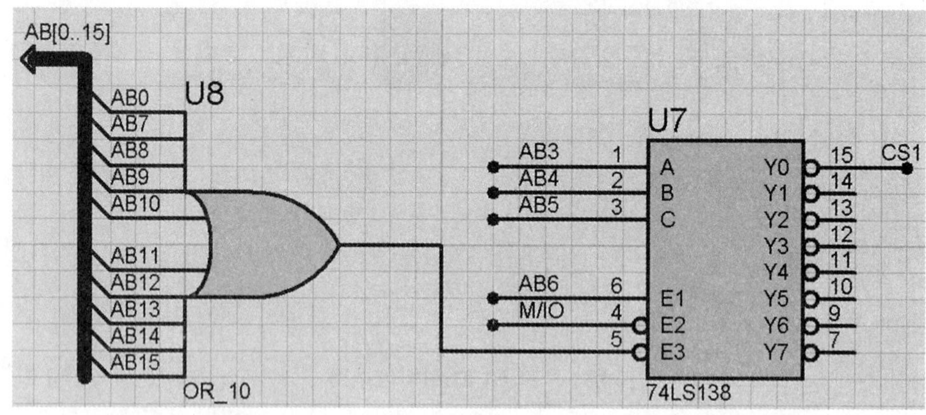

图 5.16　8253 方式 0、方式 1 中 74LS138 引脚连接图

8253 的端口地址为 40H、42H、44H、46H，对应到外设端口 16 位地址线如图 5.17 所示。其中 A2、A1 作为 8253 的端口选择信号。

A15	A14	A13	A12	A11	A10	A9	A8	A7	A6	A5	A4	A3	A2	A1	A0
0	0	0	0	0	0	0	0	0	1	0	0	0	0	0	0
													~1	1	

图 5.17　8253 地址范围

(1) C、B、A

选择 A5、A4、A3 连接 74LS138 的 C、B、A 引脚完成芯片选择，标签分别为“AB5”“AB4”“AB3”。选中 8253 时，C、B、A 的组合为 000，$\overline{Y0}$为 0。

(2) E1、$\overline{E2}$、$\overline{E3}$

选择外设端口时，M/$\overline{IO}$为 0，剩余地址线中 A6 为 1，其余为 0。决定 AB6 接 E1，M/$\overline{IO}$接$\overline{E2}$（标签名为“M/ $IO $ ”），AB0 及 AB7～AB15 通过 10 引脚或门（OR_10）接$\overline{E3}$。

(3) $\overline{Y0}$

选中 8255 时，$\overline{Y0}$为 0，故选择$\overline{Y0}$连接 8255 的$\overline{CS}$引脚，标签为“CS1”。

5.1.3　8253 的初始化

1. 写入控制字

8253 的工作方式控制字的格式如图 5.18 所示，应写入 8253 的控制端口。

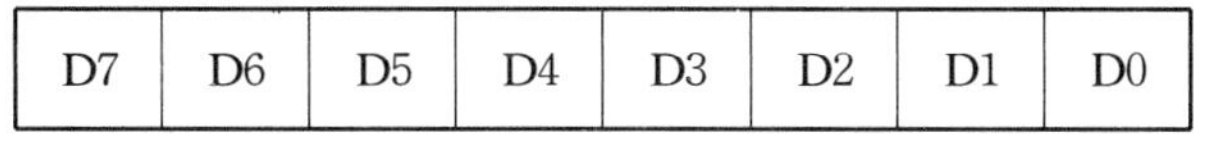

D7	D6	D5	D4	D3	D2	D1	D0

图 5.18　工作方式控制字格式

- D7、D6：计数器选择。00：计数器 0；01：计数器 1；10：计数器 2。
- D5、D4：读/写选择。00：计数器锁存，供 CPU 读；01：只读/写计数器低 8 位；10：只读/写计数器高 8 位；11：分两次读/写 16 位，先低 8 位后高 8 位。
- D3、D2、D1：工作方式选择，000～101 对应方式 0～方式 5。
- D0：计数方式选择。0：二进制计数；1：BCD 计数。

本例中，设置计数器 0 的初值为 5、工作在方式 0，选择只写低 8 位、BCD 计数，工作方式控制字应为 00010001B。8253 的控制端口地址为 46H，代码应为

```
MOV    AL,00010001B
OUT    46H,AL
```

设置计数器 1 的初值为 5、工作在方式 1，选择只写低 8 位、BCD 计数，工作方式控制字应为 01010011B。8253 的控制端口地址为 46H，代码应为

```
MOV    AL,01010011B
OUT    46H,AL
```

2. 写入计数初值

写完控制字后，再将计数初值写入相应的计数器端口。初值可以是 8 位，也可以是 16 位，只写低/高 8 位的初值时，剩余的高/低 8 位会自动设置为 0；写 16 位的初值时，应先写低 8 位再写高 8 位。计数制可以是二进制，最大值为 FFFFH，也可以是十进制（BCD），最大值为 9999。

本例中，设置计数器 0 的初值为 5，计数器 0 端口地址为 40H，代码应为

```
MOV    AL,05H
OUT    40H,AL
```

若设置计数器 0 的初值为 1234，代码应为

```
MOV    AL,34H
OUT    40H,AL
MOV    AL,12H
OUT    40H,AL
```

注意 因为它是 BCD 计数不是纯粹的十进制计数，应写 34H 而不是 34。

5.1.4 源程序

```
CODE    SEGMENT
        ASSUME  CS:CODE
START:  MOV     AL,00010001B    ;工作方式控制字，设置计数器 0，
                                ;只写低 8 位、方式 0、BCD 计数
        OUT     46H,AL          ;输出指令，控制字送入控制端
                                ;口 46H
        MOV     AL,05H          ;计数初值为 5
        OUT     40H,AL          ;初值写入计数器 0 端口 40H
        MOV     AL,01010011B    ;工作方式控制字，设置计数器 1，
                                ;只写低 8 位、方式 1、BCD 计数
        OUT     46H,AL          ;输出指令，控制字送入控制端口
                                ;46H
        MOV     AL,05H          ;计数初值为 5
        OUT     42H,AL          ;初值写入计数器 1 端口 42H
        JMP     $               ;$ 为当前指令地址，执行结果为
                                ;在本条指令等待
CODE    ENDS
        END     START
```

5.1.5 调试运行

初始状态开关断开，运行时，D1 灭 D2 亮。即写入控制字，方式 0 的 OUT 变为低电平，方式 1 的 OUT 变为高电平。

开关闭合，D2 灭。即 GATE 有上升沿，OUT 变为低电平。

5 s 后，D1、D2 同时点亮。即 5 个 CLK 周期后，方式 0 和方式 1 的 OUT 都变为高电平。

结果正确，如图 5.19 所示。

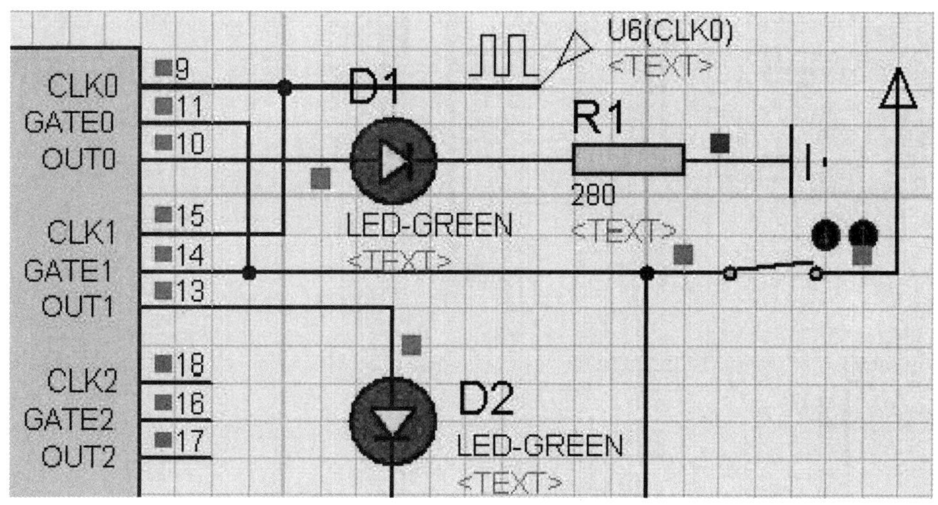

图 5.19 方式 0、方式 1 运行结果

接着验证如下运行过程中 GATE 信号的控制情况：

① 初始状态开关断开，运行时，D1 灭，D2 亮。

开关闭合，D2 灭。

计数未完成时断开开关，5 s 后，D1 灭，D2 亮。

即运行中 GATE 变为低电平，方式 0 暂停计数，方式 1 无影响。

② 初始状态开关断开，运行时，D1 灭，D2 亮。

开关闭合，D2 灭。

计数未完成时断开开关，1 s 后闭合开关，D1 先亮，D2 后亮。

即运行中 GATE 变为高电平，方式 0 从暂停时的计数值继续计数，方式 1 从计数初值重新计数。

5.2 方式 2、方式 3 举例

方式 2：比率发生器，适用于产生序列负脉冲。

方式 3:方波发生器,适用于产生连续的方波。

【实例要求】 选用 8253 构成硬件电路,端口地址为 40H、42H、44H、46H,分别用方式 2、方式 3 实现喇叭发出中音 1(523 Hz)的声音。

图 5.20 是本例的 ISIS 电路连接图。

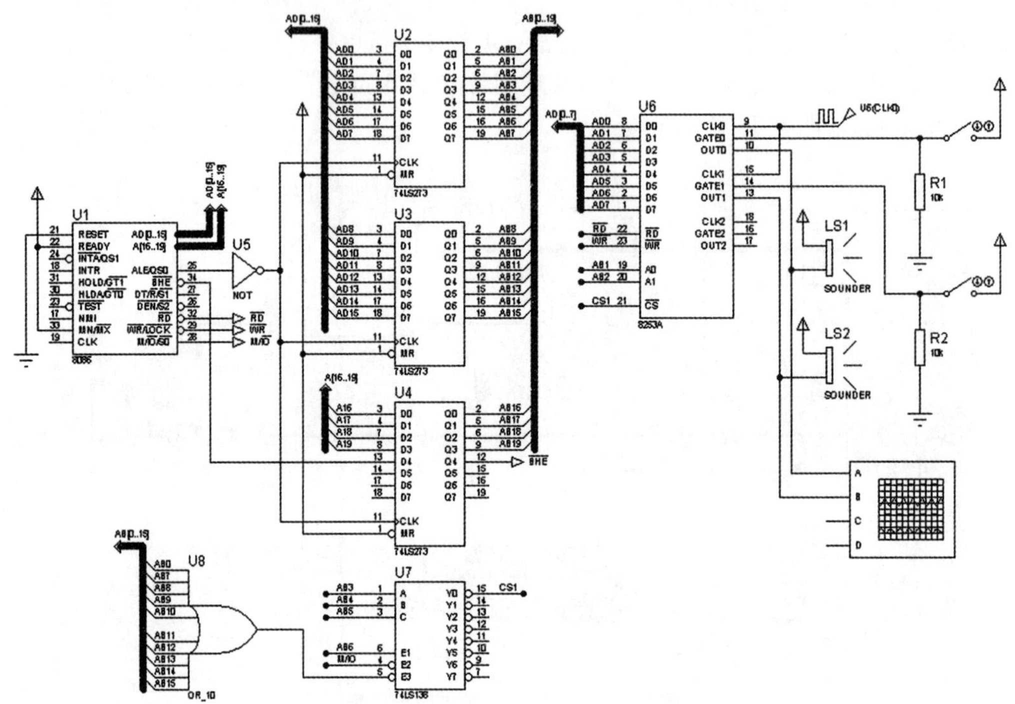

图 5.20 8253 方式 2、方式 3 实例图

5.2.1 方式 2、方式 3

1. 方式 2:比率发生器

方式 2 的波形如图 5.21 所示,工作过程如下:

① 写入控制字,OUT 变为高电平。

② 写入初值,且 GATE 为高电平,下一个 CLK 的下降沿开始减 1 计数。

③ 计数期间,GATE 变为低电平,停止计数;GATE 变为高电平,重新计数。

④ 计数到 1,OUT 变为低电平;计数到 0,OUT 变为高电平,计数初值重新装入计数器,循环计数。

OUT 输出连续波形,每隔 N(计数初值)个 CLK 周期就产生一个周期的负脉冲,频率为 CLK 频率的 $1/N$。

本例中,需产生中音 1(523 Hz)的声音波形。决定计数器 0 工作于方式 2,CLK 的时钟频率 F 为 10 kHz,初值为 10 k/523≈20,GATE 接开关,OUT 接喇叭。写入初值且开关闭合后 OUT 输出 523 Hz 的连续波形,发出中音 1 的声音。

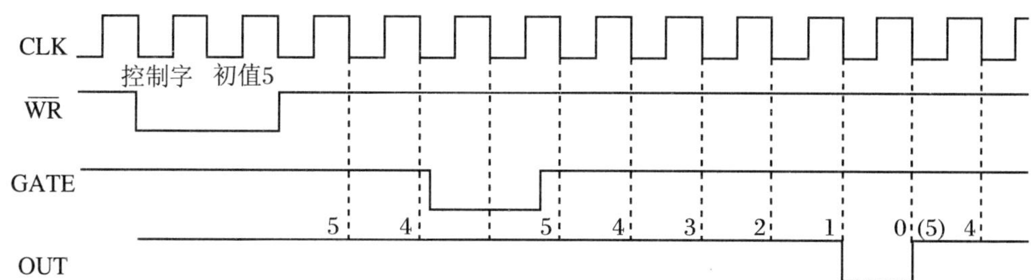

图 5.21 方式 2 波形图

2. 方式 3:方波发生器

方式 3 与方式 2 类似,波形如图 5.22 所示,工作过程如下:

① 写入控制字,OUT 变为高电平。

② 写入初值,且 GATE 为高电平,下一个 CLK 的下降沿开始减 1 计数。

③ 计数期间,GATE 变为低电平停止计数,GATE 变为高电平重新计数。

④ 若初值 N 为奇数,计数到(N-1)/2 时,OUT 变为低电平。若初值 N 为偶数,计数到 N/2 时,OUT 变为低电平。计数到 0,OUT 变为高电平,计数初值重新装入计数器,循环计数。

OUT 输出连续波形,频率为 CLK 频率的 1/N。若初值 N 为奇数,高电平比低电平多一个 CLK 周期,OUT 输出基本对称的矩形波。若初值 N 为偶数,高电平与低电平周期数相等,OUT 输出对称的方波。

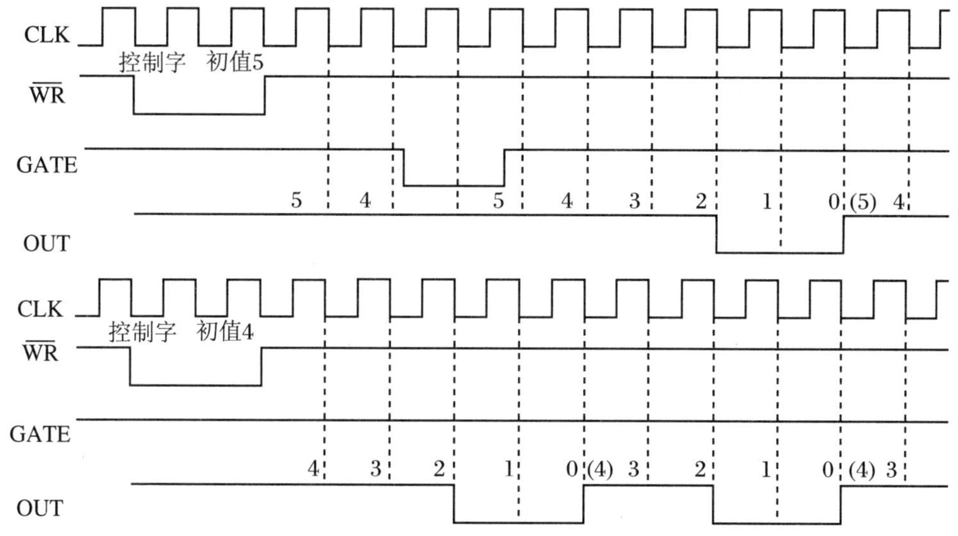

图 5.22 方式 3 波形图

本例中,需产生中音 1(523 Hz)的声音波形。决定计数器 1 工作于方式 3,CLK 的时钟频率 *F* 为 10 kHz,初值为 10 k/523≈20,GATE 接开关,OUT 接喇叭。写入初值且开关闭合后,OUT 输出 523 Hz 的连续波形,发出中音 1 的声音。

5.2.2 8253 连线

在 Proteus 元件库中找到 8253A 芯片，在图形编辑窗口中放置后，连接方法如图 5.23所示。

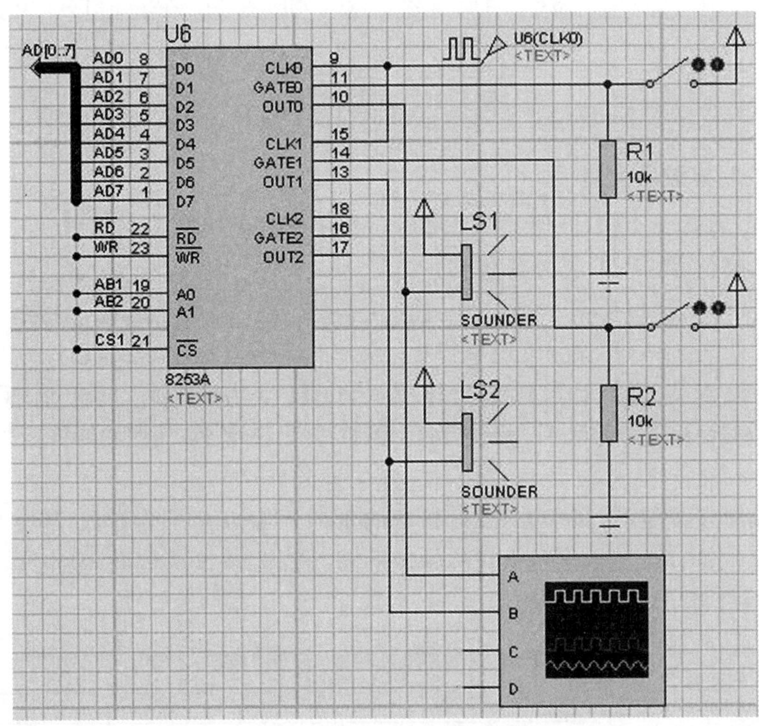

图 5.23　8253 方式 2、方式 3 引脚连接图

本例的 8253 引脚连接与图 5.4 的 8253 方式 0、方式 1 引脚连接图部分类似，计数器 0 和计数器 1 的引脚连接有变动。

1．CLK0

计数器 0 的时钟信号，输入。

本例中连接频率为 10 kHz 的时钟脉冲(DCLOCK)，如图 5.24、图 5.25 所示。

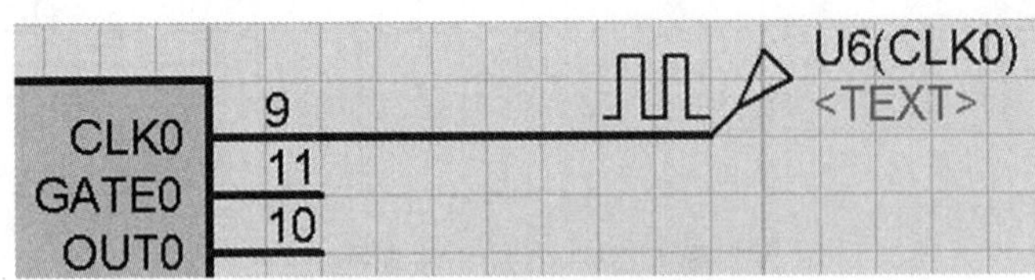

图 5.24　CLK0 引脚连接图

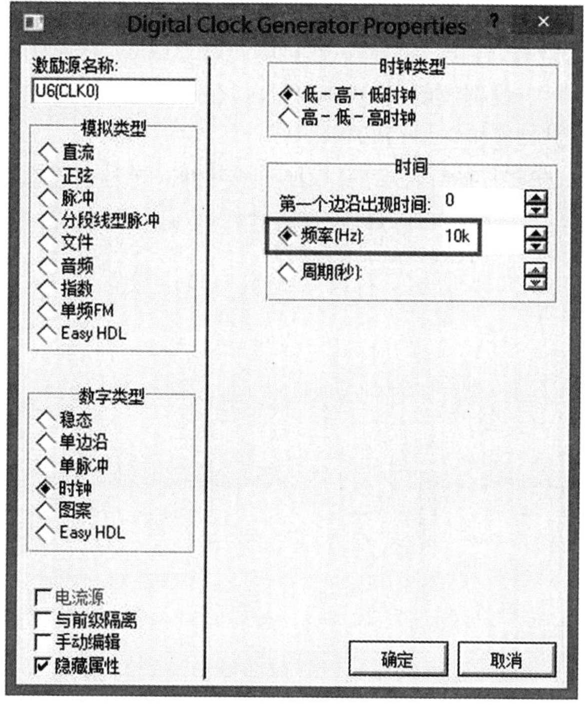

图 5.25　DCLOCK 属性对话框

2. GATE0

计数器 0 的门控信号，输入。连接方法如图 5.26 所示，图中元件包括限流电阻(RES)、开关(SWITCH)、电源(POWER)和地(GROUND)。开关断开为 0，闭合为 1。

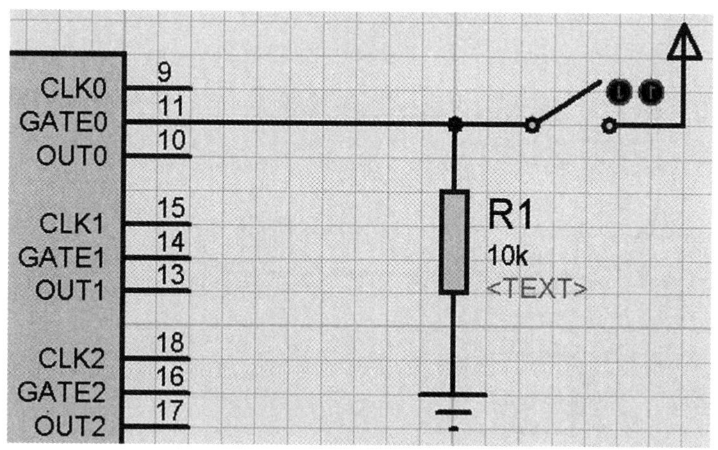

图 5.26　GATE0 引脚连接图

3．OUT0

计数器 0 的输出信号，输出。本例中连接喇叭和示波器，连接方法如图 5.27 所示。

在 Proteus 元件库中找到喇叭（SOUNDER），在图形编辑窗口中放置后，一个引脚连接 OUT0 端，另一个引脚连接电源（POWER）。

为了观察方式 2 的输出波形，OUT0 引脚连接喇叭，同时也连接到示波器。

单击绘图工具栏中的虚拟仪器模式按钮，在对象选择窗口中单击“OSCILLOSCOPE”（示波器），如图 5.28 所示。在图形编辑窗口中放置后，OUT0 引脚同时连接示波器的通道 A。

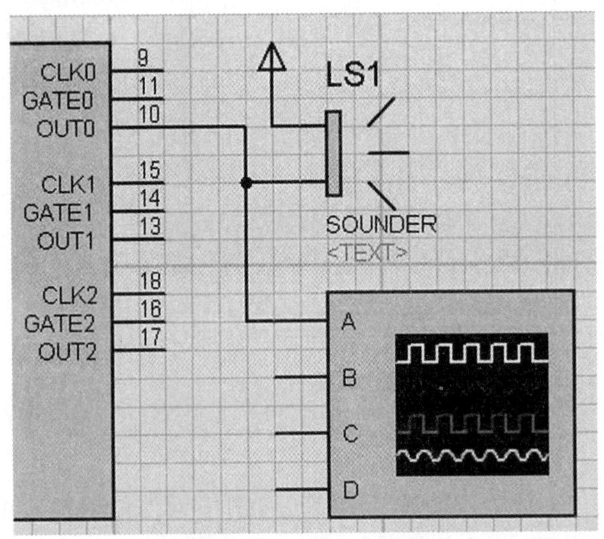

图 5.27　OUT0 引脚连接图

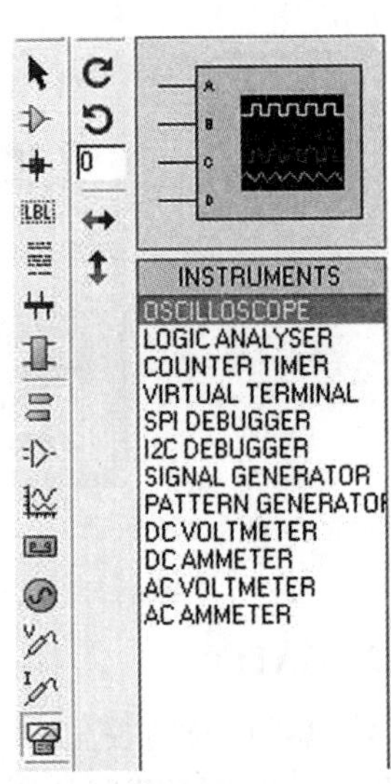

图 5.28　OSCILLOSCOPE

4．CLK1

计数器 1 的时钟信号，输入。本例中连接频率为 10 kHz 的时钟脉冲，选择并接到 CLK0 引脚连线上，如图 5.29 所示。

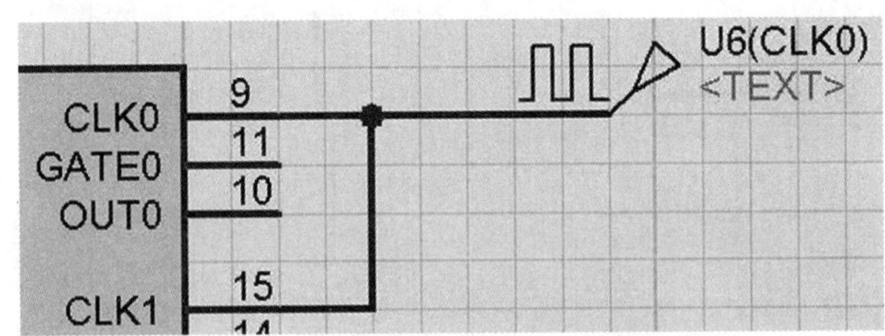

图 5.29　CLK1 引脚连接图

5. GATE1

计数器 1 的门控信号,输入。连接方法同 GATE0,如图 5.30 所示。

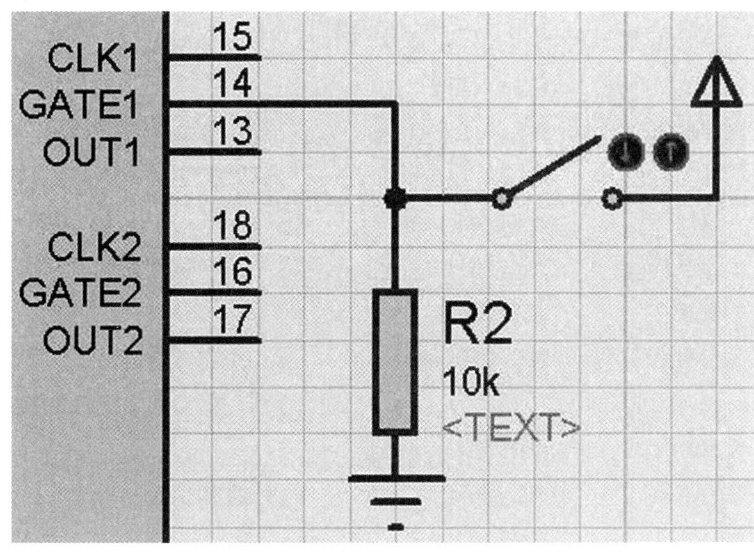

图 5.30 GATE1 引脚连接图

6. OUT1

计数器 1 的输出信号,输出。连接方法同 OUT0,连接喇叭和示波器的通道 B,如图 5.31 所示。

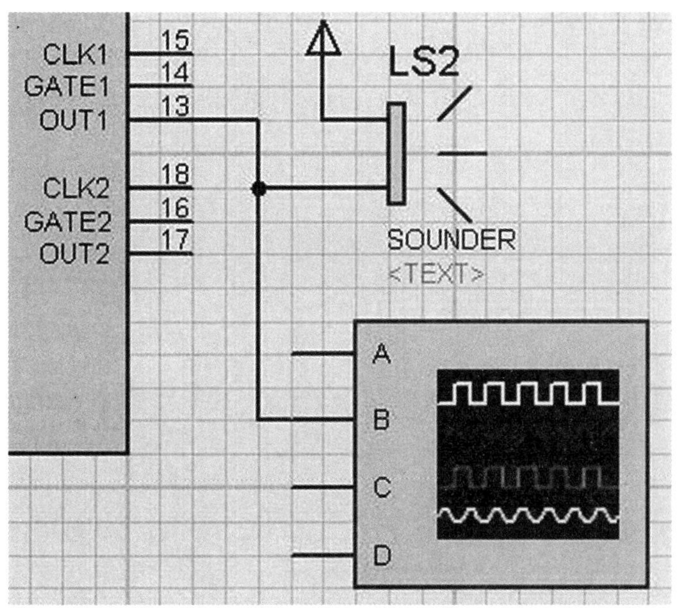

图 5.31 OUT1 引脚连接图

5.2.3 源程序

```
CODE    SEGMENT
        ASSUME  CS:CODE
START:  MOV     AL,00010101B    ;工作方式控制字,设置计数器 0,
                                ;只写低 8 位、方式 2、BCD 计数
        OUT     46H,AL
        MOV     AL,20H          ;计数初值为 20
        OUT     40H,AL
        MOV     AL,01010111B    ;工作方式控制字,设置计数器 1,
                                ;只写低 8 位、方式 3、BCD 计数
        OUT     46H,AL
        MOV     AL,20H          ;计数初值为 20
        OUT     42H,AL
        JMP     $
CODE    ENDS
        END     START
```

5.2.4 调试运行

初始状态 GATE0、GATE1 所接开关均断开,单击“开始”按钮,弹出示波器显示面板,如图 5.32 所示。

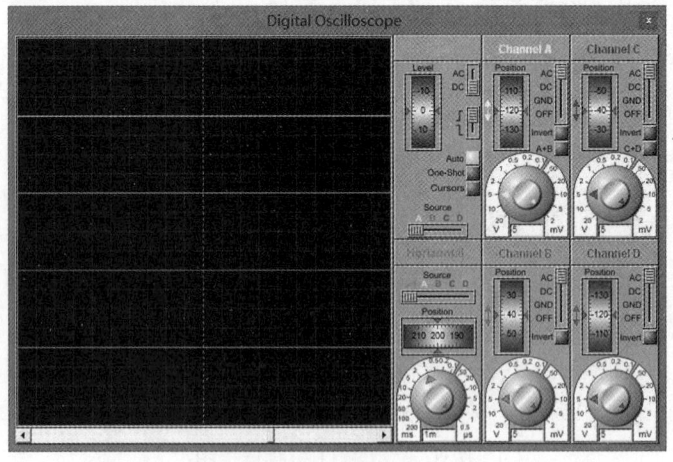

图 5.32 示波器显示面板

首先闭合 GATE0 所接开关，OUT0 所接喇叭 LS1 发出中音 1，同时示波器的通道 A 显示波形，如图 5.33 所示。

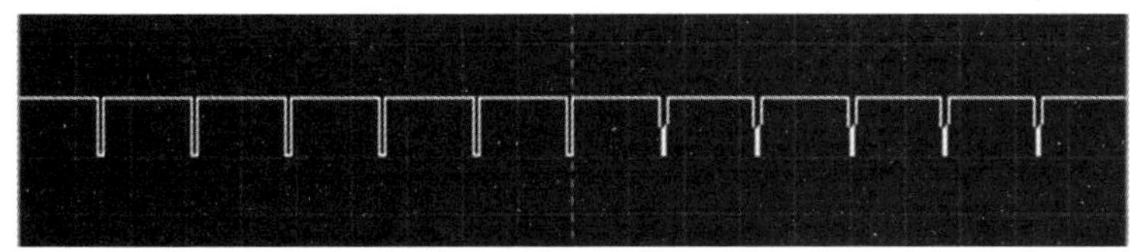

图 5.33　通道 A 显示波形

断开 GATE0 所接开关，闭合 GATE1 所接开关，OUT1 所接喇叭 LS2 发出中音 1，同时示波器的通道 B 显示波形，如图 5.34 所示。

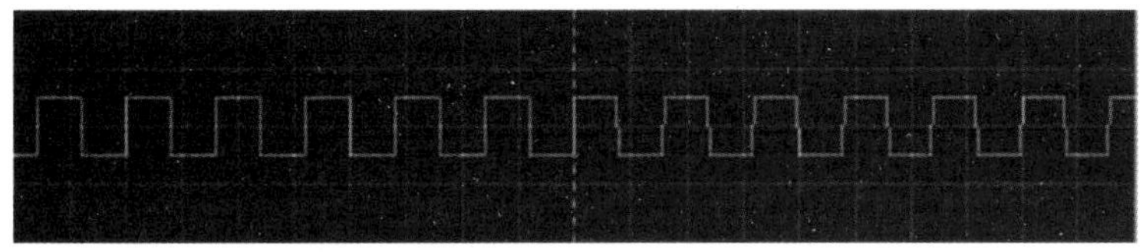

图 5.34　通道 B 显示波形

运行中发现，LS1 和 LS2 发出的都是中音 1，但是听到的声音不同，为什么？

因为虽然频率设置都是中音 1 的 523 Hz，即音调一样，但是方式 2 和方式 3 的波形不同，导致音色不同，所以听到的是两种中音 1。

注意　运行结束时，不用单击示波器显示面板右上角的关闭按钮，单击仿真进程控制中的"停止"按钮，示波器面板会自动关闭，下次运行时会再次打开。如果关闭了示波器面板，可以在调试菜单中选择"5. Digital Oscilloscope"打开。

5.3　方式 4、方式 5 举例

1. 方式 4：软件触发选通

方式 4 的波形如图 5.35 所示，工作过程如下：

① 写入控制字，OUT 变为高电平。

② 写入初值，且 GATE 为高电平，下一个 CLK 的下降沿开始减 1 计数。

③ 计数期间，GATE 变为低电平，停止计数，GATE 变为高电平，重新计数。

④ 计数到 0，OUT 变为低电平，1 个 CLK 周期后，OUT 变为高电平，完成计数。

方式 4 通过程序写入计数初值触发计数的过程称为软件触发选通。

2. 方式 5：硬件触发选通

方式 5 的波形图如图 5.36 所示，工作过程如下：

① 写入控制字，OUT 变为高电平。

② 写入初值不计数，当 GATE 有一个上升沿时，下一个 CLK 的下降沿开始减 1 计数。

③ 计数期间，GATE 变为低电平无影响，若 GATE 有一个上升沿则重新计数。

④ 计数到 0，OUT 变为低电平，1 个 CLK 周期后，OUT 变为高电平，完成计数。

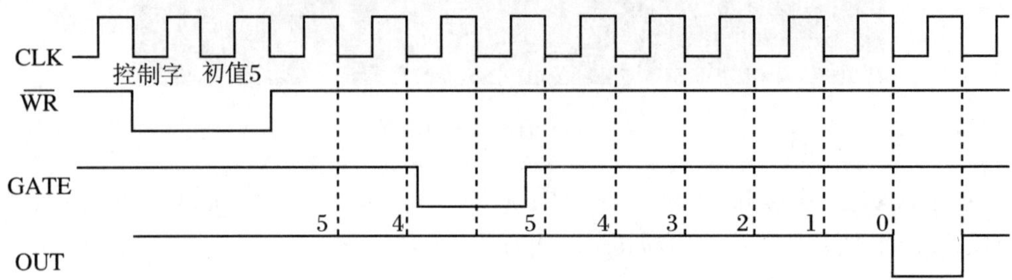

图 5.35 方式 4 波形图

方式 5 通过硬件电路产生的门控信号上升沿触发计数的过程称为硬件触发选通。

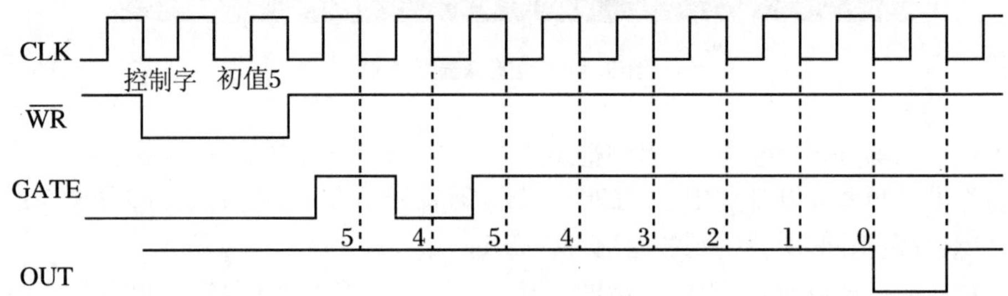

图 5.36 方式 5 波形图

1. 选用 8253 构成硬件电路，实现开关断开 5 s 后熄灭发光二极管。

2. 选用 8253 构成硬件电路，实现喇叭循环发出中音 1～7 的声音(1：523 Hz，2：587 Hz，3：659 Hz，4：698 Hz，5：784 Hz，6：880 Hz，7：988 Hz)。

第 6 章　可编程并行接口芯片 8255

本章知识点

1. 8255 芯片 3 种工作方式的工作特点及使用方法。
2. 8255 各引脚功能及与 8086 CPU 地址、数据、控制引脚的连接方法。
3. 8255 的方式选择控制字及 C 口置位/复位控制字格式及使用方法。

8255 是一种通用的可编程并行接口芯片，可直接为 CPU 与外设之间提供数据通道。芯片有 3 个 8 位的数据通道：A 口、B 口、C 口，可工作于 3 种工作方式，即方式 0、方式 1、方式 2。

本章将通过实例介绍 8255 的应用。

6.1　方式 0：基本输入、输出方式举例

方式 0 为基本输入、输出方式，适用于不需要应答信号的简单输入、输出场合。

【实例要求】 系统中设置 4 个开关，开关断开时为 1，闭合时为 0，可表示 0000～1111 共 16 种状态。不断检测它们的通断状态，随时在七段数码管上显示其对应的数值 0～F。选用 8255 构成硬件电路，端口地址为 60H、62H、64H、66H。

图 6.1 是本例的 ISIS 电路连接图。

6.1.1　连线

1. 8255

在 Proteus 元件库中找到 8255A 芯片，在图形编辑窗口中放置后，连接方法如图 6.2 所示。

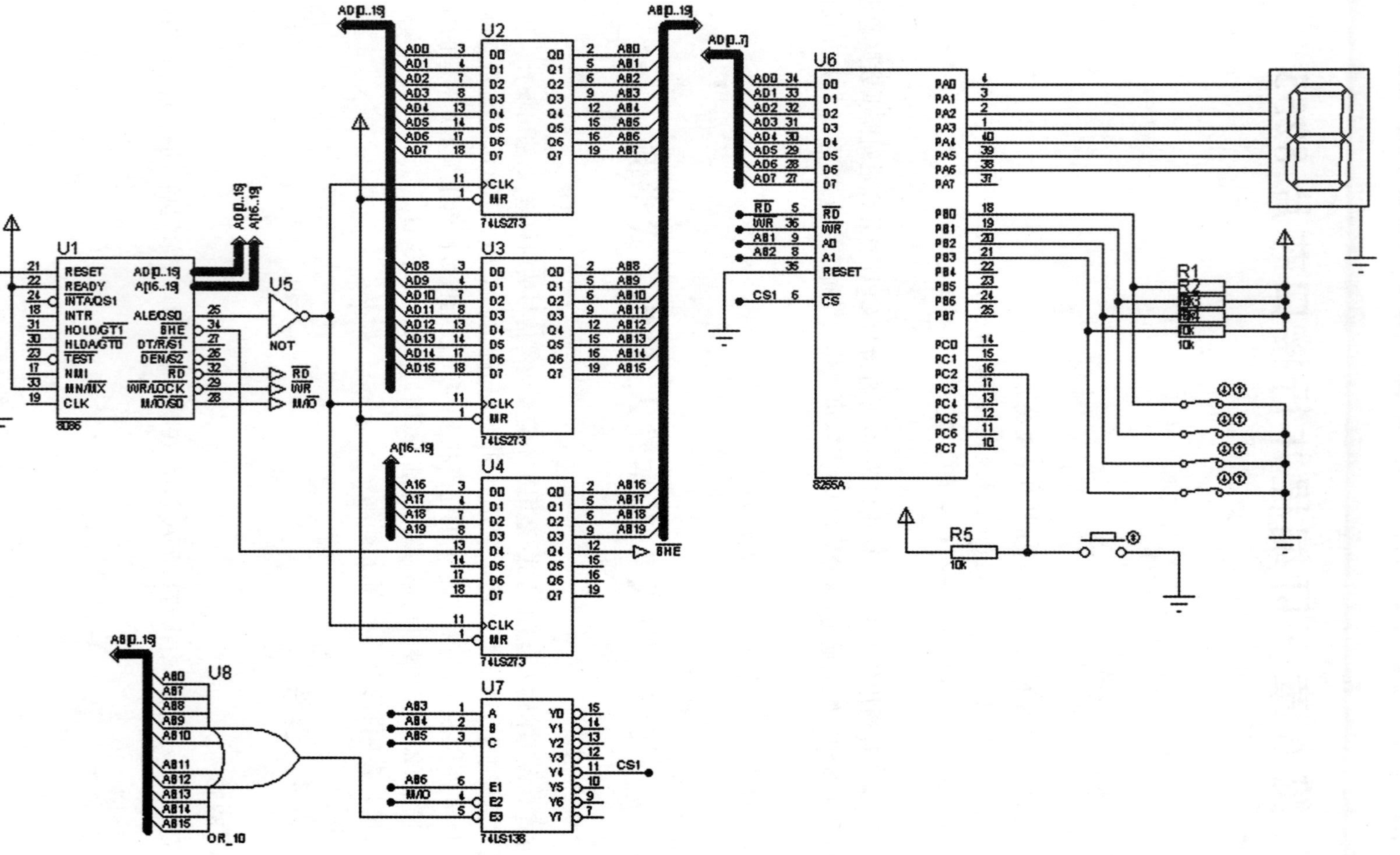

图 6.1　8255 方式 0 实例图

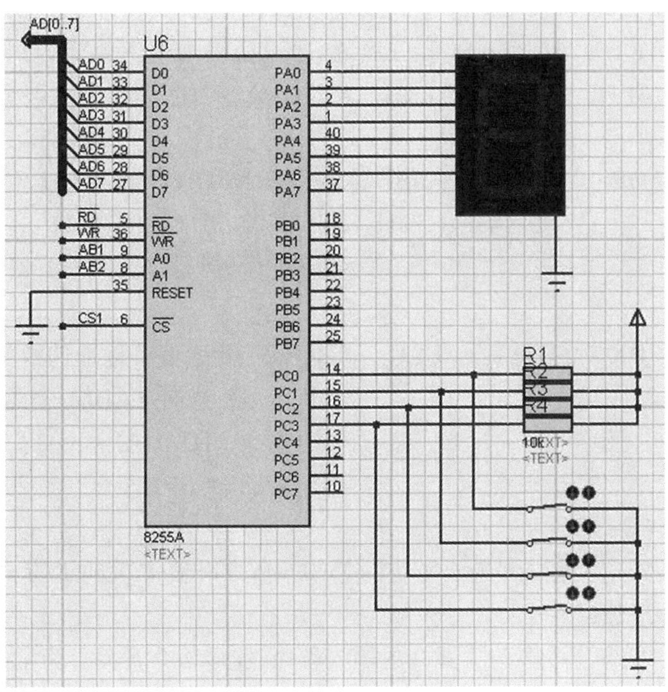

图 6.2　8255 方式 0 引脚连接图

(1) PA0～PA6

A 口对应的双向数据引脚为 PA0～PA7，用于和连接 A 口的外设传送数据。

本例中，A 口设置为工作于方式 0 的输出端口，连接七段数码管显示 0～F。

在 Proteus 元件库中找到七段共阴极数码管 7SEG-COM-CATHODE，在图形编辑窗口中放置 1 片，引脚如图 6.3 所示。将七段数码管的引脚 a～g 依次连接 8255 的引脚 PA0～PA6，七段数码管的引脚 GND 接地。

七段数码管显示“0”时如图 6.4 所示，引脚 gfedcba 的值应为 0111111，即通过 A 口输出的值为 3FH。依此类推，显示 0～F 对应的值分别为 3FH、06H、5BH、4FH、66H、6DH、7DH、07H、7FH、6FH、77H、7CH、58H、5EH、79H、71H。

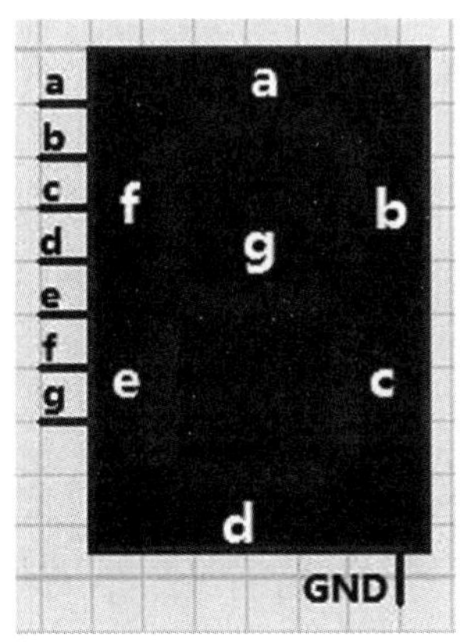

图 6.3　七段数码管引脚图

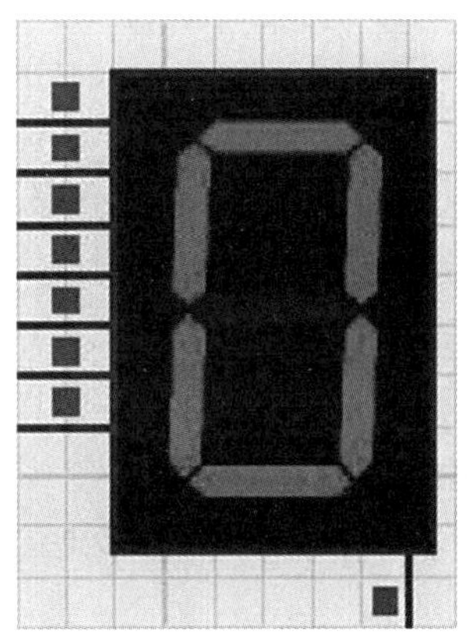

图 6.4　数字“0”

首先，在数据段 DATA 中定义字节变量 TABLE，值为 0～F 对应的值。其次，通过 OFFSET 伪指令使 BX 指向 TABLE 首地址，通过换码指令 XLAT，可将输入 AL 中的 0～F换成对应的 3FH～71H。最后，通过 A 口将 AL 的值输出到七段数码管后即显示 0～F。代码如下：

```
TABLE    DB    3FH,06H,5BH,4FH,66H,6DH,7DH,07H,
               7FH,6FH,77H,7CH,58H,5EH,79H,71H
                                    ;定义七段数码管显示 0～F 对应的值
…
MOV      BX,OFFSET TABLE            ;OFFSET 为取偏移地址伪指令,
                                    ;执行后 BX 指向 TABLE 首地址
XLAT                                ;换码指令,(BX+AL)→AL,如 AL=0,
                                    ;换码后 AL=3FH
```

(2) PC0～PC3

C 口对应的双向数据引脚为低 4 位的 PC0～PC3 和高 4 位的 PC4～PC7，用于和连接 C 口的外设传送数据。

本例中，C 口低 4 位设置为方式 0 的输入端口，连接 4 个开关。为了保证开关断开时为 1，闭合时为 0，应按图 6.2 所示连接。其中开关为 SWITCH，限流电阻为 RES。

(3) D0～D7

8 个双向数据引脚，用于和 CPU 传送数据。

本例中通过终端法连接到低 8 位数据总线 AD[0..7]，D0～D7 的引脚标签依次为"AD0～AD7"，如图 6.2 所示。

(4) $\overline{\text{RD}}$

读允许信号，输入，低电平有效。该引脚有效时，可以从 8255 芯片读出数据。

本例中，$\overline{\text{RD}}$引脚接 8086 CPU 的$\overline{\text{RD}}$引脚，标签名为"RD"。

(5) $\overline{\text{WR}}$

写允许信号，输入，低电平有效。该引脚有效时，数据可以写入 8255 芯片。

本例中，$\overline{\text{WR}}$引脚接 8086 CPU 的$\overline{\text{WR}}$引脚，标签名为"WR"。

(6) A1、A0

端口选择信号，输入。A1 A0=00，选中 A 口；A1 A0=01，选中 B 口；A1 A0=10，选中 C 口；A1 A0=11，选中控制口。

本例与 8253 一样，A1、A0 分别与地址总线中的 AB2、AB1 相连，以保证 8255 的 A 口、B 口、C 口和控制口的端口地址分别为偶地址 60H、62H、64H 和 66H。

(7) RESET

复位信号，输入，高电平有效。该引脚有效时，8255 所有控制端口内容清 0，所有数据端口置为输入方式。

本例中 RESET 引脚无用，接地。

(8) $\overline{\text{CS}}$

片选信号，输入，低电平有效。该引脚有效时芯片才能正常工作。

本例中，$\overline{CS}$引脚连接 74LS138 译码器送出的片选信号，标签名为“CS1”。

2. 74LS138

在 Proteus 元件库中找到 74LS138 芯片，在图形编辑窗口中放置 1 片，连接方法如图 6.5 所示。

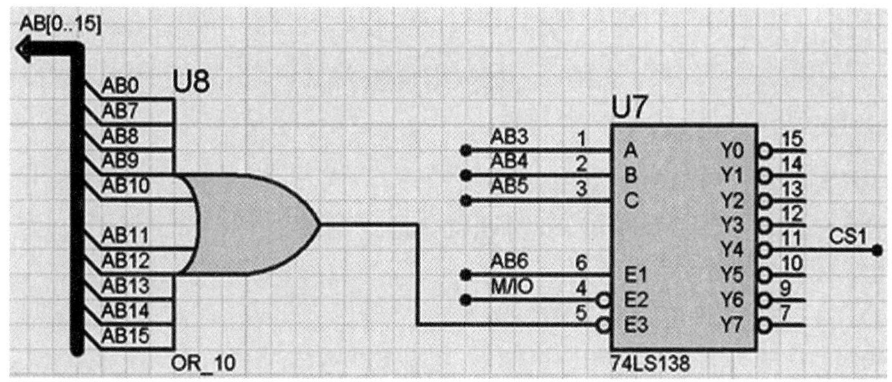

图 6.5　8255 方式 0 中 74LS138 引脚连接图

8255 的端口地址分别为 60H、62H、64H、66H，对应到地址线如图 6.6 所示。其中，A2、A1 作为 8255 的端口选择信号。

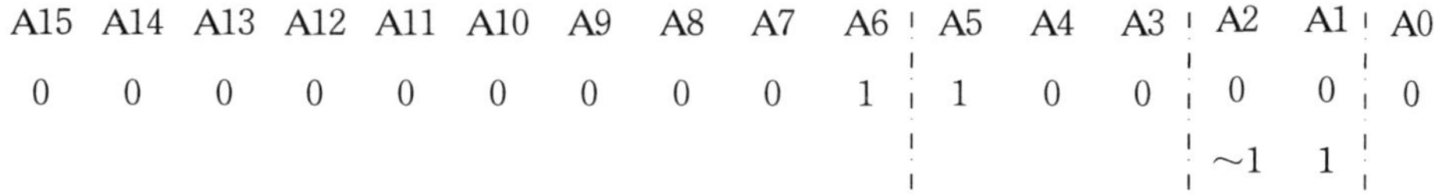

A15	A14	A13	A12	A11	A10	A9	A8	A7	A6	A5	A4	A3	A2	A1	A0
0	0	0	0	0	0	0	0	0	1	1	0	0	0	0	0
													~1	1	

图 6.6　8255 地址范围

(1) C、B、A

选择 A5、A4、A3 连接 74LS138 的 C、B、A 引脚完成芯片选择，标签分别为“AB5”“AB4”“AB3”。选中 8255 时 C、B、A 的组合为 100，$\overline{Y4}$为 0。

(2) E1、$\overline{E2}$、$\overline{E3}$

选择外设端口时，M/$\overline{IO}$为 0，剩余地址线中 A6 为 1，其余为 0。决定 AB6 接 E1，M/$\overline{IO}$接$\overline{E2}$(标签名为“M/IO”)，AB0 及 AB7～AB15 通过 10 引脚或门(OR_10)接$\overline{E3}$。

(3) $\overline{Y4}$

选中 8255 时，$\overline{Y4}$为 0，故选择$\overline{Y4}$连接 8255 的$\overline{CS}$引脚，标签为“CS1”。

6.1.2　8255 的控制字

1. 方式选择控制字

8255 有 3 个 8 位的输入、输出数据端口，即 A 口、B 口、C 口。其中 C 口既可进行 8

位数据传送,又可分为低 4 位和高 4 位分别传送。

8255 有三种工作方式,即方式 0、方式 1、方式 2。A 口可工作于方式 0、1、2,B 口可工作于方式 0、1,C 口可工作于方式 0。

方式选择控制字的格式如图 6.7 所示,应写入 8255 的控制端口。

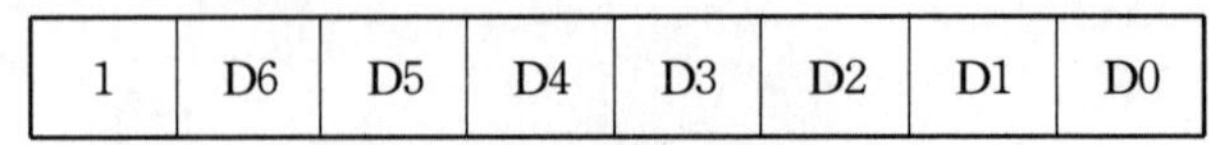

1	D6	D5	D4	D3	D2	D1	D0

图 6.7　方式选择控制字格式

- D6、D5:A 口工作方式。00:方式 0;01:方式 1;10:方式 2。
- D4:A 口输入/输出。0:输出;1:输入。
- D3:C 口高 4 位输入/输出。0:输出;1:输入。
- D2:B 口工作方式。0:方式 0;1:方式 1。
- D1:B 口输入/输出。0:输出;1:输入。
- D0:C 口低 4 位输入/输出。0:输出;1:输入。

本例中,设置 A 口为方式 0 输出,C 口低 4 位为方式 0 输入,方式选择控制字应为 10000001B。8255 的控制端口地址为 66H,代码应为

```
MOV     AL,10000001B
OUT     66H,AL
```

2. C 口置位/复位控制字

当 A 口、B 口工作于方式 1、2 时,C 口某些位会作为控制、状态信号配合 A 口、B 口工作,C 口置位/复位控制字可单独对 C 口某一位进行置 1 或清 0。

C 口置位/复位控制字的格式如图 6.8 所示,应写入 8255 的控制端口。

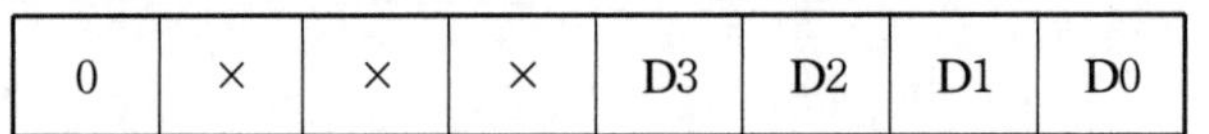

0	×	×	×	D3	D2	D1	D0

图 6.8　C 口置位/复位控制字格式

- D3、D2、D1:C 口位选择,000~111 对应 PC0~PC7。
- D0:置位/复位。0:清 0;1:置 1。

如将 PC2 置 1,C 口置位/复位控制字应为 00000101B。8255 的控制端口地址为 66H,代码应为

```
MOV     AL,00000101B
OUT     66H,AL
```

6.1.3　源程序

```
DATA    SEGMENT
        TABLE        DB 3FH,06H,5BH,4FH,66H,6DH,7DH,07H,
                        7FH,6FH,77H,7CH,58H,5EH,79H,71H
```

```
                                        ;定义七段数码管显示 0~F 对
                                        ;应的值
DATA     ENDS
CODE     SEGMENT
         ASSUME       CS:CODE,DS:DATA
START:   MOV          AX,DATA
         MOV          DS,AX
         MOV          AL,10000001B      ;方式选择控制字,设置 A 口为
                                        ;方式 0
                                        ;输出,C 口低 4 位为方式 0
                                        ;输入
         OUT          66H,AL            ;输出指令,控制字送入控制端
                                        ;口 66H
AGAIN:   IN           AL,64H            ;输入指令,读入 C 口 64H 的开
                                        ;关状态
         AND          AL,0FH            ;与指令,将无用的高 4 位清 0
         MOV          BX,OFFSET TABLE
                                        ;OFFSET 为取偏移地址伪指令,
                                        ;执行后 BX 指向 TABLE 首地址
         XLAT                           ;换码指令,(BX+AL)→AL,
                                        ;如 AL=0,换码后 AL=3FH
         OUT          60H,AL            ;AL 的值送入 A 口连接的七段
                                        ;数码管
         JMP          AGAIN             ;循环测试当前开关状态
         MOV          AH,4CH
         INT          21H
CODE     ENDS
         END          START
```

6.1.4 调试运行

运行时,通过拨动开关,查看七段数码管显示的结果。全部闭合显示 0,全部断开显示 F,结果正确,如图 6.9、图 6.10 所示。

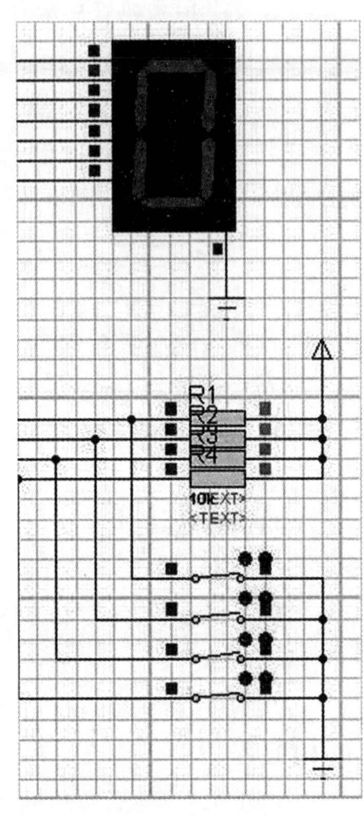

图 6.9　显示 0

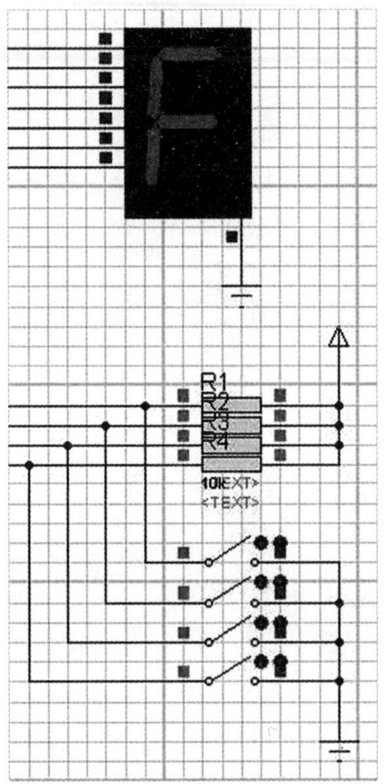

图 6.10　显示 F

6.2　方式 1:选通输入、输出方式举例

在上个实例运行过程中,任一开关拨动后七段数码管显示的数字都会随之改变。如从 0 切换到 F 时,会依次显示 1、3、7、F,无法实现所有开关全部断开后再显示 F。

方式 1 为选通输入、输出方式,适用于在联络信号控制下才能完成输入、输出的场合。方式 1 有查询及中断两种选通方式,本章只介绍查询方式,中断方式将在第 7 章中介绍。

6.2.1　选通输入方式举例

【实例要求】 优化 6.1 节实例,需开关切换到所需状态后再显示相应的数字。

图 6.11 是本例的 ISIS 电路连接图。

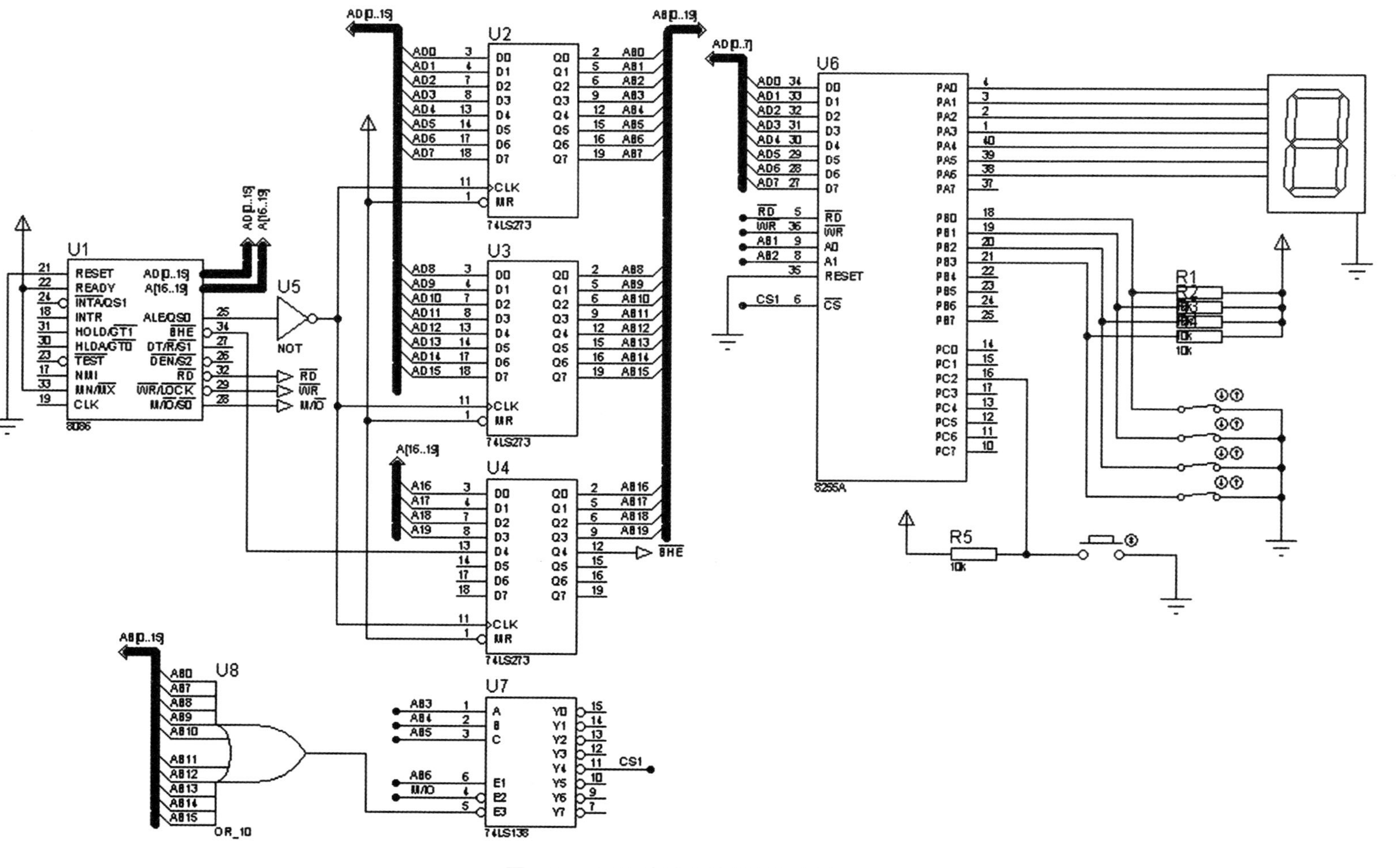

图 6.11 8255 方式 1 选通输入实例图

1. 选通输入方式的联络信号

A 口、B 口工作于方式 1 时，C 口的某些位需作为状态、控制信号配合 A 口、B 口工作。

(1) $\overline{STB}$

选通信号，输入，低电平有效。该信号有效时，8255 将外设通过 PA0～PA7 或 PB0～PB7 输入的数据存入相应端口的输入缓冲器中。

- A 口：PC4。
- B 口：PC2。

(2) IBF

输入缓冲器满信号，输出，高电平有效。该信号有效时，表示输入缓冲器已满，8255 不再接收其他数据，可作为状态信号供 CPU 查询。由$\overline{STB}$置 1(选通后输入缓冲器满)，由$\overline{RD}$清 0(读出后输入缓冲器清空)。

- A 口：PC5。
- B 口：PC1。

(3) INTE

中断允许信号，高电平有效。该信号有效时，表示 8255 可以向 CPU 发出中断请求。该信号没有外部引脚，由 C 口置位/复位控制字置 1 或清 0，相应 PCi 引脚出现高电平或低电平时，对该信号无影响。

- A 口：PC4。
- B 口：PC2。

(4) INTR

中断请求信号，输出，高电平有效。该信号有效时，表示 8255 向 CPU 发出中断请求。当$\overline{STB}$、IBF 和 INTE 都为高电平时，即选通结束、输入缓冲器满及中断允许同时有效时，INTR 自动被置为高电平。

- A 口：PC3。
- B 口：PC0。

2. 8255 连线

在 Proteus 元件库中找到 8255A 芯片，在图形编辑窗口中放置后，连接方法如图 6.12所示。

本例的 8255 引脚连接与图 6.2 中的连接类似，仅 B 口和 C 口有少许变动。

6.1.1 节中 C 口为方式 0 输入端口提供开关状态。本例中 B 口代替 C 口为方式 1 输入端口，C 口的 PC2 引脚作为 B 口的$\overline{STB}$选通输入信号，当其输入低电平时，才将当前的开关状态送给 A 口输出。

(1) PB0～PB3

同图 6.2 中的 PC0～PC3。

(2) PC2

B 口工作于方式 1 输入端口时 PC2 对应$\overline{STB}$选通信号，该引脚接低电平时表示 8255 将开关状态从 PB0～PB3 存入 B 口的输入缓冲器中。连接方法如图 6.13 所示，图中元件包括电源(POWER)、限流电阻(RES)、按钮(BUTTON)和地(GROUND)。

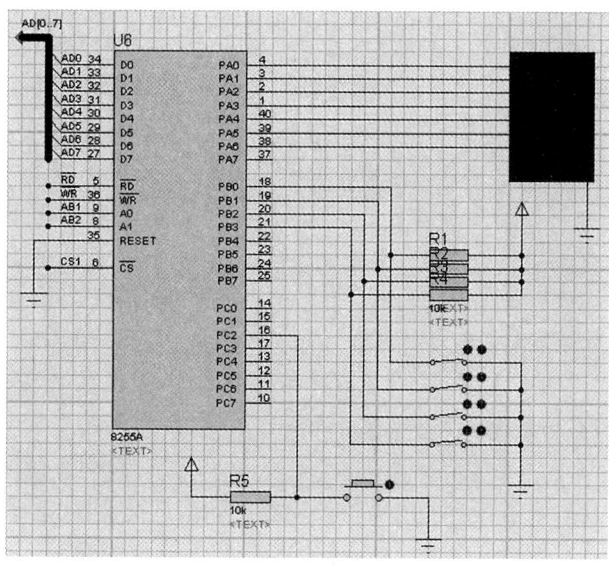

图 6.12　8255 方式 1 选通输入引脚连接图

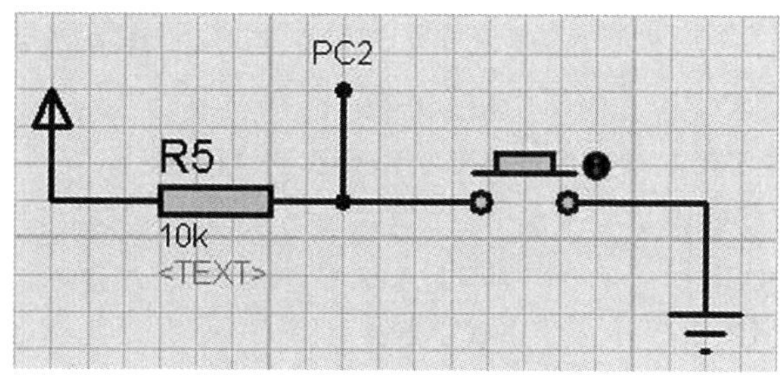

图 6.13　PC2 引脚连接图

当按钮按下时，PC2 引脚为低电平，即$\overline{STB}$选通信号有效。随后 PC1 引脚对应的 IBF 信号被置 1，表示 B 口的输入缓冲器已满。查询 PC1 位状态，为 1 则将开关状态送入 A 口显示输出。

3. 源程序

```
DATA    SEGMENT
        TABLE     DB 3FH,06H,5BH,4FH,66H,6DH,7DH,07H,
                     7FH,6FH,77H,7CH,58H,5EH,79H,71H
DATA    ENDS
CODE    SEGMENT
        ASSUME    CS:CODE,DS:DATA
START:  MOV       AX,DATA
        MOV       DS,AX
        MOV       AL,10000110B      ;方式选择控制字，设置 A
                                    ;口为方式 0
```

```
                                      ;输出,B 口为方式 1 输入
          OUT       66H,AL            ;输出指令,控制字送入控制
                                      ;端口 66H
AGAIN:    IN        AL,64H            ;输入指令,读入 C 口 64H 的
                                      ;状态
          TEST      AL,00000010B      ;测试指令,执行 AL∧
                                      ;00000010B,
                                      ;不保存结果,只根据结果设
                                      ;置状态位,
                                      ;即 AL 中除 PC1 位外全清 0 后,
                                      ;设置 ZF(零标志位)的值
          JZ        AGAIN             ;若结果为 0(ZF=1),即 PC1
                                      ;(IBF)=0,
                                      ;则输入缓冲器空,未就绪,循
                                      ;环等待
          IN        AL,62H            ;PC1=1 退出循环,即输入缓
                                      ;冲器满,
                                      ;从 B 口 62H 读入开关状态
          AND       AL,0FH
          MOV       BX,OFFSET TABLE
          XLAT
          OUT       60H,AL
          JMP       AGAIN
          MOV       AH,4CH
          INT       21H
CODE      ENDS
          END       START
```

4. 调试运行

运行时,先拨动开关,七段数码管无变化,按下按钮后数码管才显示对应的数字。全部闭合显示 0,全部断开显示 F,结果正确,同 6.1.4 节中图 6.9、图 6.10。

6.2.2 选通输出方式举例

【实例要求】 选用 8255 构成硬件电路,使开关在按钮允许下控制发光二极管的亮灭。图 6.14 是本例的 ISIS 电路连接图。

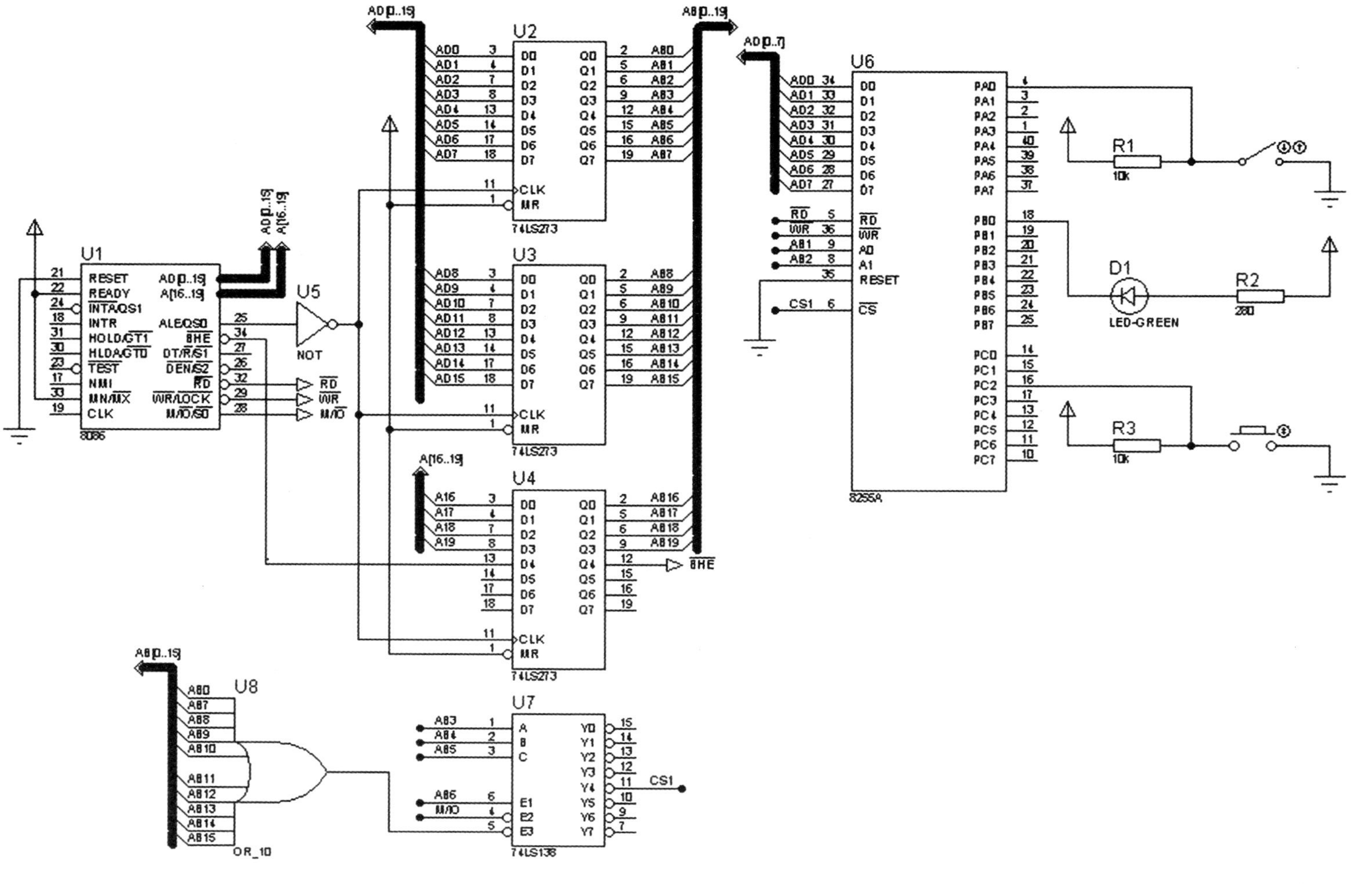

图 6.14 8255 方式 1 选通输出实例图

1．选通输出方式的联络信号

(1) $\overline{OBF}$

输出缓冲器满信号，输出，低电平有效。该信号有效时，表示 CPU 已将数据送到 8255 指定端口的输出缓冲器中，外设可从 PA0～PA7 或 PB0～PB7 将数据取走，常作为状态信号供 CPU 查询。由输出命令 OUT 发出的$\overline{WR}$信号清 0(写入后输出缓冲器满信号)，由外设回答信号$\overline{ACK}$置 1(外设应答后输出缓冲器清空)。

· A 口：PC7。

· B 口：PC1。

(2) $\overline{ACK}$

外设回答信号，输入，低电平有效。该信号有效时，表示外设已将数据从输出缓冲器中取走。

· A 口：PC6。

· B 口：PC2。

(3) INTE

中断允许信号，同选通输入方式的 INTE。

· A 口：PC6。

· B 口：PC2。

(4) INTR

中断请求信号，输出，高电平有效。该信号有效时，表示 8255 向 CPU 发出中断请求，请求 CPU 输出下一个数据。当$\overline{ACK}$、$\overline{OBF}$和 INTE 都为高电平时，即外设响应完、输出缓冲器空及中断允许同时有效时，INTR 自动被置为高电平。

· A 口：PC3。

· B 口：PC0。

2．8255 连线

在 Proteus 元件库中找到 8255A 芯片，在图形编辑窗口中放置后，连接方法如图 6.15所示。

本例的 8255 引脚连接与图 6.12 中的连接类似，仅 A 口和 B 口有变动。

本例中 C 口的 PC2 引脚与图 6.12 连接方法相同，都连接控制按钮，但表示的信号由 B 口的$\overline{STB}$选通输入信号变为 B 口的$\overline{ACK}$外设回答信号。当按钮按下时，PC2 引脚为低电平，即$\overline{ACK}$外设回答信号有效。随后 PC1 引脚对应的$\overline{OBF}$信号被置 1，表示 B 口的输出缓冲器已空，可以接收下一个开关状态。查询 PC1 位状态，为 1 则将开关状态送入 B 口显示输出。

(1) PA0

A 口为方式 0 输入端口，由 PA0 连接开关，开关闭合时为 0，断开时为 1。

连接方法如图 6.16 所示，图中元件包括电源(POWER)、限流电阻(RES)、开关(SWITCH)和地(GROUND)。

(2) PB0

B 口为方式 1 输出端口，由 PB0 连接发光二极管。因希望 A 口开关闭合时(为 0)发光二极管亮，开关断开时（为 1）发光二极管灭，故发光二极管需旋转 180 度后连接 PB0，即 PB0 应连接发光二极管的负极。限流电阻的阻值属性同 1.2.6 节由“10 k”改为“280”。

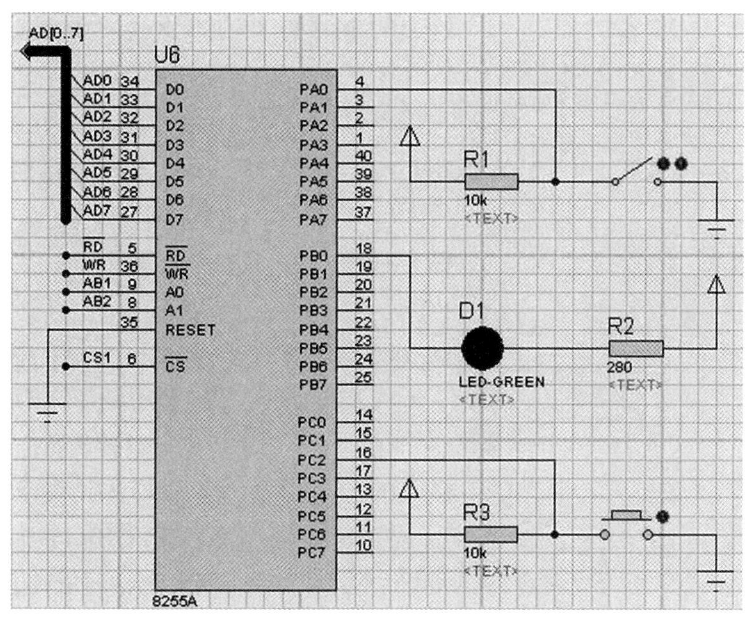

图 6.15　8255 方式 1 选通输出引脚连接图

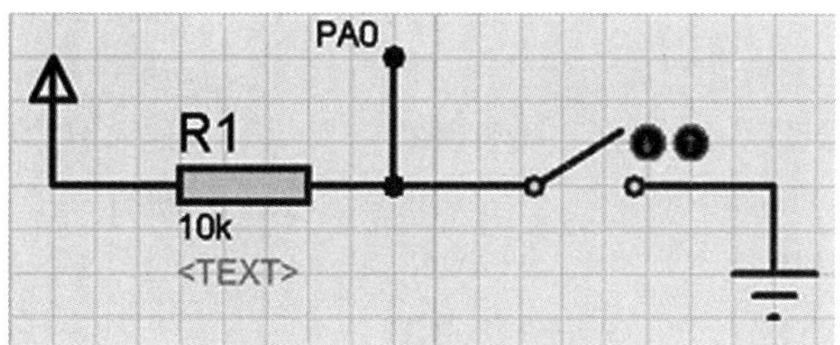

图 6.16　PA0 引脚连接图

连接方法如图 6.17 所示，图中元件包括发光二极管（LED-GREEN）、限流电阻（RES，阻值 280 Ω）和电源（POWER）。

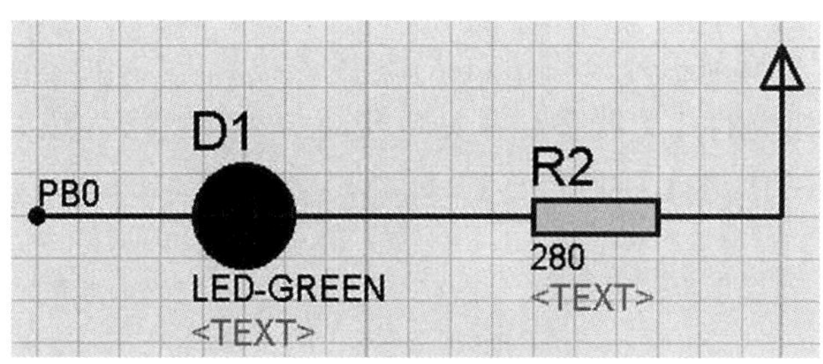

图 6.17　PB0 引脚连接图

3. 源程序

```
CODE    SEGMENT
        ASSUME  CS:CODE
START:  MOV     AL,10010100B    ;方式选择控制字,设置A口
                                ;为方式0
                                ;输入,B口为方式1输出
        OUT     66H,AL          ;输出指令,控制字送入控制端
                                ;口66H
AGAIN:  IN      AL,64H          ;输入指令,读入C口64H的
                                ;状态
        TEST    AL,00000010B    ;测试指令,AL中除PC1位外
                                ;全清0,不保存结果,只根据
                                ;结果设置状态位
        JZ      AGAIN;          若结果为0(ZF=1),即
                                ;PC1(OBF)=0,则输出缓冲
                                ;器满,按钮未按下,循环等待
        IN      AL,60H          ;PC1 = 1退出循环,输出缓冲
                                ;器空,
                                ;按钮已按下,从A口60H读
                                ;开关状态
        OUT     62H,AL          ;送入B口62H连接的发光二
                                ;极管
        JMP     AGAIN           ;进入下一次开关显示
        MOV     AH,4CH
        INT     21H
CODE    ENDS
        END     START
```

4. 调试运行

运行时,发光二极管显示开关的初始状态,再拨动开关,发光二极管无变化,按下按钮后二极管才显示相应的开关状态。开关断开,发光二极管灭;开关闭合,发光二极管亮,结果正确,如图6.18、图6.19所示。

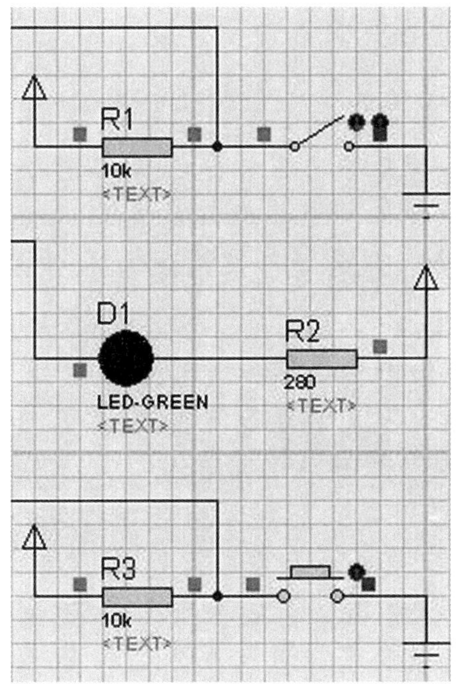

图 6.18　开关断开

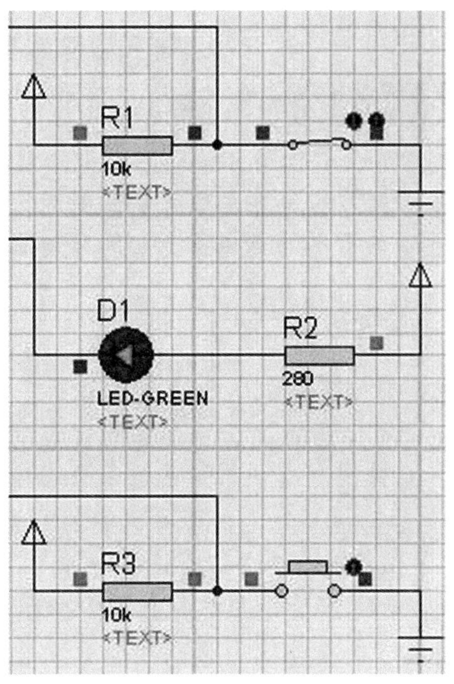

图 6.19　开关闭合

6.3　方式 2:双向总线输入、输出方式举例

方式 2 为双向总线输入、输出方式,只有 A 口可以工作于方式 2。在这种方式下,CPU 既可以从 A 口接收外设送来的数据,也可以通过 A 口把数据送给外设。C 口配合 A 口工作的状态、控制位类似于方式 1 中 A 口输入、输出方式的结合。

(1) $\overline{\text{STB}}$

选通信号,输入,低电平有效,PC4。

(2) IBF

输入缓冲器满信号,输出,高电平有效,PC5。

(3) INTEi

输入中断允许信号,高电平有效,PC4。

(4) $\overline{\text{OBF}}$

输出缓冲器满信号,输出,低电平有效,PC7。

(5) $\overline{\text{ACK}}$

外设回答信号,输入,低电平有效,PC6。

(6) INTEo

输出中断允许信号,高电平有效,PC6。

(7) INTR

中断请求信号,输出,高电平有效,PC3。

1. 选用 8255 构成硬件电路,控制 8 个发光二极管循环依次点亮。

2. 选用 8255 构成硬件电路,按钮控制 8 个发光二极管循环依次点亮。

第 7 章　可编程中断控制器 8259

本章知识点

1. 中断相关概念及中断向量的设置方法。
2. 8259 各引脚功能及与 8086 CPU 地址、数据、控制引脚的连接方法。
3. 8259 的 4 个初始化命令字、3 个操作命令字的格式及使用方法。

8255 的方式 1 为选通输入、输出方式，有查询及中断两种选通方式。第 6 章只介绍了查询方式，如在 6.2.1 节的选通输入方式实例源代码中，以下这段程序即为查询能否选通输入：

```
AGAIN:  IN      AL,64H          ;输入指令，读入 C 口 64H 的状态
        TEST    AL,00000010B    ;测试指令，AL 中除 PC1 位外全清 0，
                                ;不保存结果，只根据结果设置状态位
        JZ      AGAIN           ;若结果为 0(ZF=1)，即 PC1(IBF)=0，
                                ;则输入缓冲器空，未就绪，循环等待
```

在上述查询方式中，CPU 要不断读取状态位，检查外设是否准备好。若没准备好，CPU 就要反复查询，循环等待，浪费了 CPU 大量的时间，CPU 利用率较低。

若采用中断方式，CPU 启动一个或多个外设后，返回执行主程序，当外设准备好输入/输出时，向 CPU 发出中断请求。CPU 响应中断后，暂停执行当前的程序，转去执行中断服务程序，完成输入/输出后，CPU 返回原程序继续执行。在中断执行过程中，CPU 不用循环检测外设的状态，利用率比查询方式高。

8259 是一种可编程中断控制器，本章将通过实例介绍 8259 的应用。

【实例要求】 优化 6.2.1 节实例，选用 8259 构成中断控制电路，实现开关切换到所需状态后再显示相应的数字，8259 端口地址为 20H、22H，中断类型号为 80H～87H。

图 7.1 是本例的 ISIS 电路连接图。

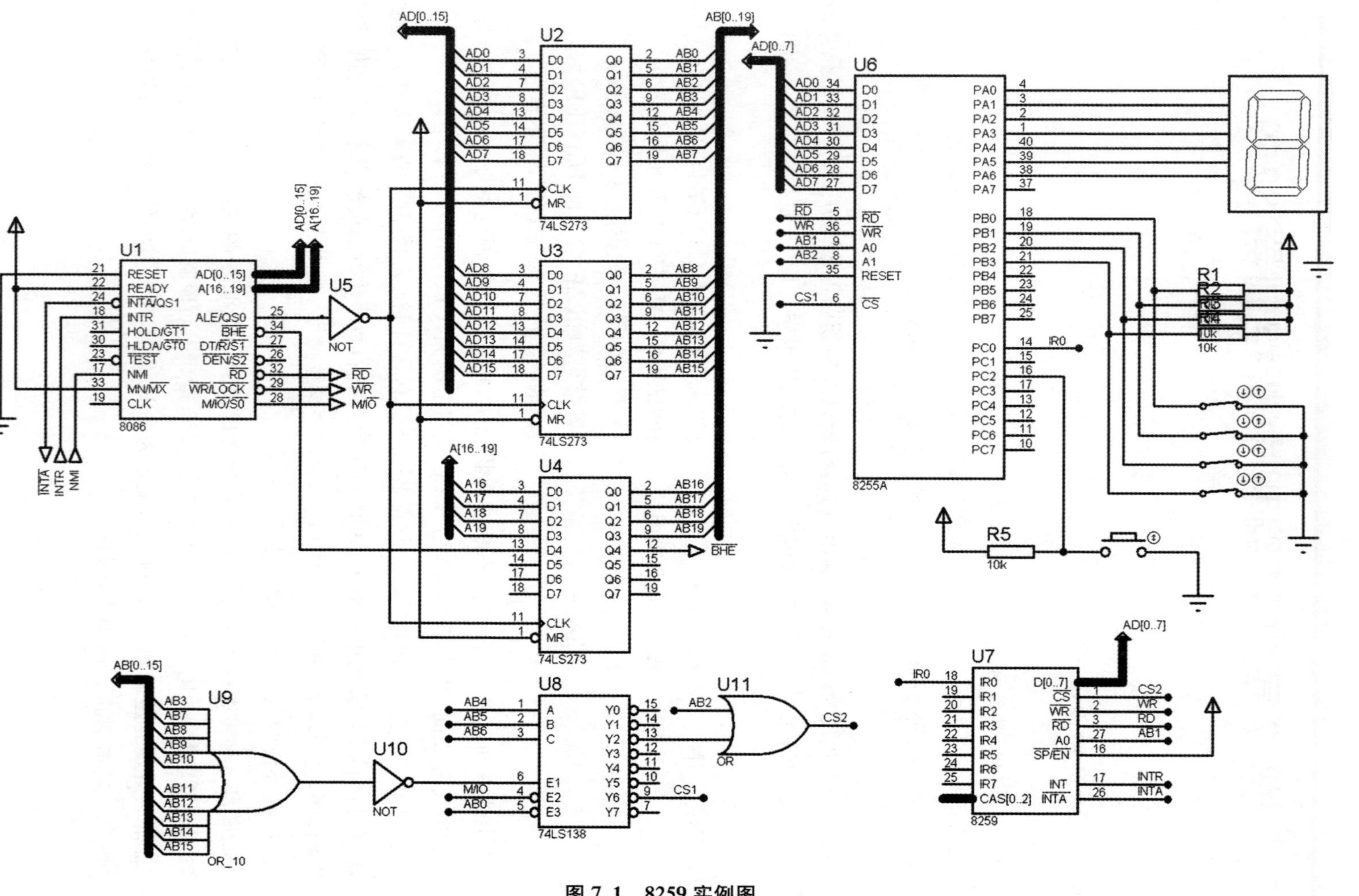
U1
8086
RESET
READY
INTA/QS1
INTR
HOLD/GT1
HLDA/GT0
TEST
NMI
MN/MX
CLK
AD[0..15]
A[16..19]
ALE/QS0
BHE
DT/R/S1
DEN/S2
RD
WR/LOCK
M/IO/S0
INTA
INTR
NMI
U5
NOT
RD
WR
M/IO
U2
U3
U4
74LS273
CLK
MR
AD[0..15]
AB[0..19]
A[16..19]
BHE
U6
8255A
AD[0..7]
RESET
CS
CS1
IR0
R1
R2
10k
R5
10k
U7
8259
D[0..7]
CAS[0..2]
SP/EN
INT
CS2
U8
74LS138
U9
OR_10
AB[0..15]
U10
NOT
U11
OR
CS1
CS2

图 7.1　8259 实例图

7.1 中　　断

7.1.1 中断分类

1. 外部中断

外部中断是由外设引起的中断，分为可屏蔽中断 INTR 和不可屏蔽中断 NMI 两种，区别如下：

(1) 能否被中断允许标志 IF 屏蔽

· INTR：能被 IF 屏蔽，IF＝0（关中断，CLI）禁止中断，IF＝1（开中断，STI）允许中断。

· NMI：IF 对其无影响。

(2) 中断响应过程

· INTR：需要两个中断响应$\overline{\text{INTA}}$周期，第一个周期 CPU 通知外设被响应，第二个周期外设将中断类型号送给 CPU。

· NMI：直接产生 2 号中断。

2. 内部中断

内部中断是由执行指令引起的中断，可分为如下类型：

(1) INT n

中断指令，n 为中断类型号。如 DOS 中断调用 INT 21H，21H 为中断类型号。

(2) 除法出错中断

在除法运算中，若除数为 0 或商超过了寄存器的表示范围，则产生 0 号中断。

(3) 溢出中断

执行 INTO 指令时，若溢出标志 OF＝1，则产生 4 号中断。

(4) 单步中断

DEBUG 调试程序时，若陷阱标志 TF＝1，则产生 1 号中断，逐条运行指令。

(5) 断点中断

DEBUG 调试程序时，若设置了断点，执行到断点时则产生 3 号中断。

3. 中断优先级

中断优先级即响应中断的先后次序，以上中断的优先级为

除法出错中断、INTO、INT n＞NMI＞INTR＞单步中断

7.1.2 中断向量

1. 中断向量

中断向量是每个中断服务程序的起始地址，表示为段地址：偏移地址。内存用最低

端1 KB区域存放256个中断向量，对应的中断类型号为0～255(0～FFH)。每个中断向量占4个字节，低2个字节为偏移地址，高2个字节为段地址，故中断向量与中断类型号n的对应关系为

偏移地址→4×n，段地址→4×n+2

如中断类型号为80H，该中断服务程序起始地址为1000H:2000H，则2000H应存入内存4×80H对应的字单元，1000H应存入4×80H+2对应的字单元。

中断向量分为专用中断、系统使用和用户使用三类，前两类中断向量是系统给定的，而供用户使用的中断向量需要通过程序设置。

2. 设置方法

```
        MOV     AX,0
        MOV     ES,AX                          ;附加段寄存器ES=0
        MOV     BX,4*n                         ;BX=4×n
        MOV     ES:WORD PTR[BX],OFFSET INTRA
                                               ;ES:为段超越前缀,将寄存器
                                               ;间接寻址[BX]默认的段地
                                               ;址由DS改为ES,物理地址=
                                               ;ES×10H+BX=4×n,取中
                                               ;断服务程序INTRA的偏移
                                               ;地址
                                               ;送入4×n对应的字单元
        MOV     ES:WORD PTR[BX+2],SEG INTRA
                                               ;取中断服务程序INTRA的
                                               ;段地址
                                               ;送入4×n+2对应的字单元
       STI                                     ;IF=1,开中断
INTRA: …                                       ;中断服务程序INTRA
       IRET
```

7.1.3 可屏蔽中断响应过程

1. 关中断

设置中断允许标志IF=0，屏蔽其他可屏蔽中断请求，以保证其后过程不会被打断，由CPU自动完成。

2. 保护断点

将标志寄存器PSW、当前指令下面一条指令的段地址和偏移地址值入栈，以保证中断返回时，能返回主程序继续执行，且CPU各标志位不变，由CPU自动完成。

3. 识别中断源

得到中断类型号n后，到4×n+2和4×n中取出中断服务程序的段地址和偏移地

址，分别存入代码段寄存器 CS 和指令指针寄存器 IP 中，下一条指令转入 CS:IP 对应的中断服务程序起始地址处执行，由 CPU 自动完成。

4. 保护现场

执行中断服务程序前，需将中断服务程序中用到的寄存器的值入栈，以保证中断返回前可以恢复成原寄存器的值。如保护 AX、BX 寄存器的值，指令为

```
PUSH    AX        ;AX 入栈
PUSH    BX        ;BX 入栈
```

5. 执行中断服务程序

中断服务是执行中断的主体部分，不同的中断请求，有各自不同的中断服务内容，需要根据中断源所要完成的功能，事先编写相应的中断服务子程序，等待中断请求响应后调用执行。

6. 恢复现场

返回到主程序前，需将保护入栈的寄存器的值出栈，以恢复原寄存器的值。如恢复 AX、BX 寄存器的值，指令为

```
POP     BX        ;BX 出栈
POP     AX        ;AX 出栈
```

注意 出栈顺序应为入栈顺序的逆向过程。

7. 开中断返回

执行 IRET 指令，将保护入栈的偏移地址、段地址和标志寄存器值出栈，恢复原 IP、CS 和 PSW 的值，返回主程序被打断处继续执行。PSW 还原后，IF 自动重置为 1，允许 CPU 响应其他中断请求。

7.1.4 中断嵌套

上述过程为单级中断响应过程，即中断处理过程中不允许再响应其他中断请求。

若在执行较低级中断服务时，允许响应更高级的中断请求，同时挂起较低级的中断，执行完后再返回较低级中断被打断处继续执行，则称为中断嵌套，又称多重中断。

为实现中断嵌套，在执行中断服务程序前需加入屏蔽本级和较低级中断请求及开中断两步，以保证可以响应更高级的中断请求；执行后加入关中断，以保证恢复现场不受打扰。

7.2 连　线

7.2.1 8086

1. 内存空间

8086 及连线与之前章节基本相同，因本实例需中断向量空间，故运行所需内存空间应从 0x5000 增至 0x10000。双击 8086 打开"编辑元件属性"对话框，在"Advanced Properties"下拉列表中选择"Internal Memory Size"项，将"0x00000"改为"0x10000"。

2. $\overline{\text{INTA}}$、INTR、NMI

- $\overline{\text{INTA}}$为(可屏蔽)中断响应信号，输出，低电平有效。
- INTR 为可屏蔽中断请求信号，输入，高电平有效。
- NMI 为不可屏蔽中断请求信号，输入，高电平有效。

连接方法如图 7.2 所示。

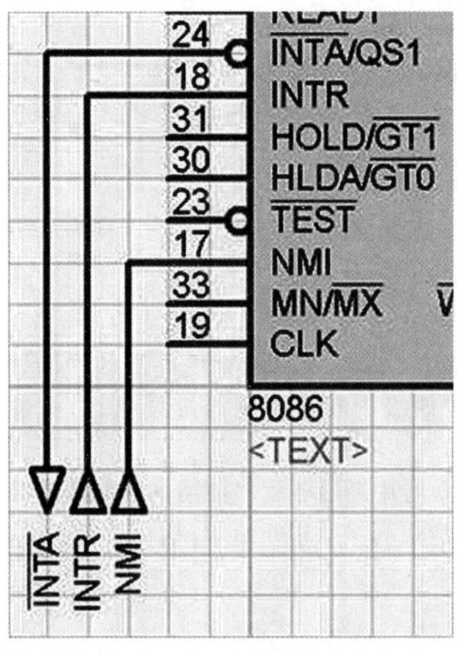

图 7.2　8086 中断相关引脚连接图

7.2.2 8255

在 Proteus 元件库中找到 8255A 芯片，在图形编辑窗口中放置后，连接方法如图 7.3 所示。

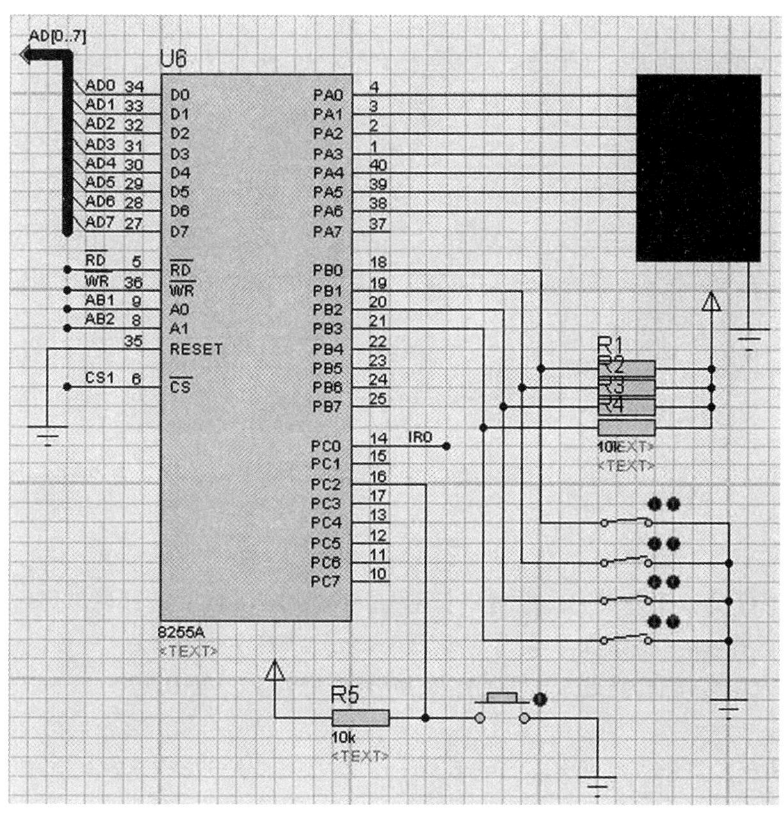

图 7.3 8255 引脚连接图

本例的 8255 引脚连接与图 6.12 中的连接基本相同，仅 PC0 引脚有少许变动。

B 口工作于方式 1 输入端口时 PC0 对应中断请求信号 INTR。本例中，PC0 引脚连接 8259 芯片的中断请求引脚 IR0，标签名为“IR0”。

首先，按下 PC2 引脚连接的按钮使 PC2 = 0，PC2 对应 B 口的选通输入信号 $\overline{\text{STB}}$，即 $\overline{\text{STB}}$ = 0 选通输入允许，8255 便将开关状态通过 PB4～PB0 存入 B 口的输入缓冲器中，使输入缓冲器变满，即 IBF = 1。

然后，松开按钮使 PC2 = 1，即 $\overline{\text{STB}}$ = 1。在 8255 初始化时通过程序编写 C 口置位/复位控制字将内部 PC2 置 1，对应 B 口的输入中断允许信号 INTE = 1。

这样，B 口的 $\overline{\text{STB}}$、IBF 和 INTE 都变为高电平，INTR 自动被置为高电平，即 PC0 = 1，向 8259 的 IR0 发出中断请求。

7.2.3 8259

在 Proteus 元件库中找到 8259 芯片,在图形编辑窗口中放置后,连接方法如图 7.4 所示。

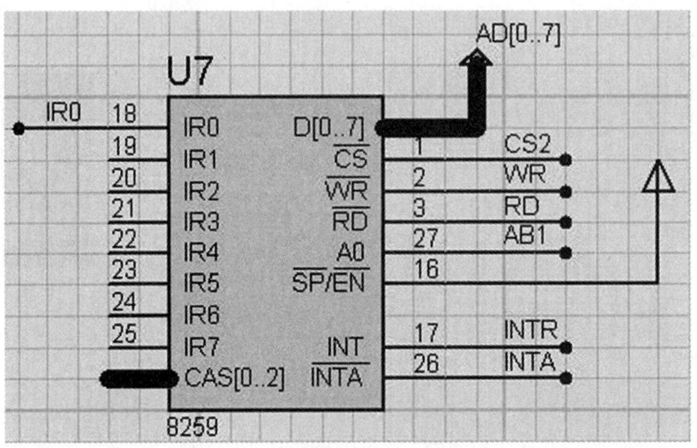

图 7.4 8259 引脚连接图

1. IR0

IR0～IR7 为 8 个外设的中断请求信号输入端,输入,请求信号可以是电平触发(高电平)或者边沿触发(上升沿)。优先级默认 IR0 最高,IR7 最低。

本例中 IR0 引脚连接 8255 芯片的 PC0 引脚,标签名为"IR0"。

2. D[0..7]

8 个双向数据引脚,用于和 CPU 传送数据。

本例中通过终端法连接到低 8 位数据总线 AD[0..7],如图 7.4 所示。

3. $\overline{\text{CS}}$

片选信号,输入,低电平有效。该引脚有效时芯片才能正常工作。

本例中,$\overline{\text{CS}}$引脚连接 74LS138 译码器送出的片选信号,标签名为"CS2"。

4. $\overline{\text{WR}}$

写允许信号,输入,低电平有效。该引脚有效时,数据可以写入 8259 芯片。

本例中,$\overline{\text{WR}}$引脚接 8086 CPU 的$\overline{\text{WR}}$引脚,标签名为" WR "。

5. $\overline{\text{RD}}$

读允许信号,输入,低电平有效。该引脚有效时,可以从 8259 芯片读出数据。

本例中,$\overline{\text{RD}}$引脚接 8086 CPU 的$\overline{\text{RD}}$引脚,标签名为" RD "。

6. A0

端口选择信号,输入。A0 = 0,选中 8259 偶地址端口;A0 = 1,选中 8259 奇地址端口。

本例与 8253 类似，A0 与地址总线中的 AB1 相连，以保证 8259 的偶地址端口和奇地址端口的地址分别为偶地址 20H 和 22H。

7. $\overline{SP}/\overline{EN}$

从片编程/允许缓冲信号，当 8259 工作于缓冲或非缓冲方式时，功能不同。

- 缓冲方式$\overline{EN}$有效，输出：$\overline{EN}=0$，8259→CPU；$\overline{EN}=1$，CPU→8259。
- 非缓冲方式$\overline{SP}$有效，输入：$\overline{SP}=0$，从片；$\overline{SP}=1$，主片。

本例采用非缓冲方式，即$\overline{SP}$有效，输入。只有一片 8259，为主片，需$\overline{SP}=1$，故此引脚接电源（POWER）。

8. INT

8259 向 CPU 发出的中断请求信号，输出，高电平有效。

本例中，INT 引脚连接 8086 芯片的中断请求引脚 INTR，标签名为“INTR”。

9. $\overline{INTA}$

CPU 发给 8259 的中断响应信号，输入，低电平有效。

本例中，$\overline{INTA}$引脚连接 8086 芯片的中断响应引脚$\overline{INTA}$，标签名为“$INTA$”。

10. CAS[0..2]

3 个双向级联信号，用于实现 8259 的级联。

本例只用到一片 8259，采用单片方式，此引脚空闲。

8259 可以通过两级级联扩展到最多 64 级中断，其中一片为主片，其余为从片。从片的 INT 引脚连接主片的 IRi 引脚，主片的 INT 引脚连接 CPU 的 INTR 引脚，CPU 的$\overline{INTA}$引脚同时连接主片、从片的$\overline{INTA}$引脚，主片、从片的 CAS[0..2]引脚并接，主片输出，从片输入。

中断请求被响应后，若请求来自主片，CAS[0..2]线上无信号，主片将中断类型号送给 CPU；若请求来自从片，主片将被响应从片的标号送到 CAS[0..2]线上，与标号相同的从片将中断类型号送给 CPU。

7.2.4 74LS138

在 Proteus 元件库中找到 74LS138 芯片，在图形编辑窗口中放置 1 片，连接方法如图 7.5 所示。

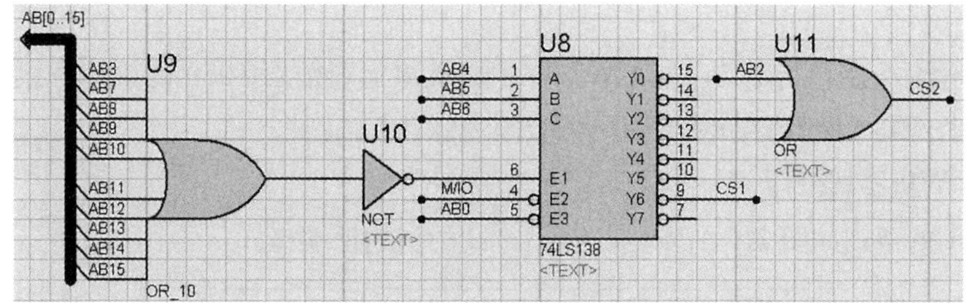

图 7.5 74LS138 引脚连接图

8259 的端口地址为 20H、22H，8255 的端口地址为 60H、62H、64H、66H，对应到地址线如图 7.6 所示。其中，A2、A1 作为 8255 的端口选择信号，A1 作为 8259 的端口选择信号。

	A15	A14	A13	A12	A11	A10	A9	A8	A7	A6	A5	A4	A3	A2	A1	A0
8259	0	0	0	0	0	0	0	0	0	0	1	0	0	0	0	0
														0	1	
8255	0	0	0	0	0	0	0	0	0	1	1	0	0	0	0	0
														~1	1	

图 7.6　8259 和 8255 的地址范围

1．C、B、A

选择 A6、A5、A4 连接 74LS138 的 C、B、A 引脚完成芯片选择，标签分别为“AB6”“AB5”“AB4”。选中 8259 时，C、B、A 的组合为 010，$\overline{Y2}$为 0。选中 8255 时，C、B、A 的组合为 110，$\overline{Y6}$为 0。

2．E1、$\overline{E2}$、$\overline{E3}$

选择外设端口时，$M/\overline{IO}$为 0，剩余地址线中 A0、A3、A7～A15 全为 0。决定 $M/\overline{IO}$接$\overline{E2}$(标签名为“M/ $IO $”)，AB0 接$\overline{E3}$，AB3、AB7～AB15 先连接 10 引脚或门(OR_10)，输出端通过非门(NOT)接 E1。

3．$\overline{Y2}$

选中 8259 时，$\overline{Y2}$为 0，剩余地址线中 A2 为 0。决定$\overline{Y2}$和 AB2 通过或门(OR)连接 8259 的$\overline{CS}$引脚，标签为“CS2”。

4．$\overline{Y6}$

选中 8255 时，$\overline{Y6}$为 0，故选择$\overline{Y6}$连接 8255 的$\overline{CS}$引脚，标签为“CS1”。

7.3　8259 的命令字

7.3.1　初始化命令字

初始化命令字包括 ICW1～ICW4，在中断程序运行前对 8259 的工作方式进行初始化，只能写一次，必须按次序顺序写入。

1．ICW1：芯片控制

ICW1 的格式如图 7.7 所示，应写入 8259 的偶地址端口。

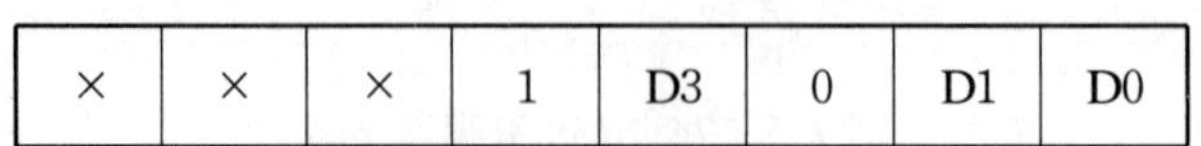

×	×	×	1	D3	0	D1	D0

图 7.7　ICW1 格式

• D3：中断请求信号触发方式。0：边沿触发；1：电平触发。

• D1：是否单片。0：级联；1：单片。

• D0：是否设置 ICW4。0：不设置；1：设置。

本例中，通过按钮触发中断应为边沿（上升沿）触发，只有一片 8259 应为单片方式，需要设置 ICW4，故 ICW1 应为 00010011B。8259 的偶地址为 20H，代码应为

```
MOV    AL,00010011B
OUT    20H,AL
```

2. ICW2：设置中断类型号

ICW2 的格式如图 7.8 所示，应写入 8259 的奇地址端口。

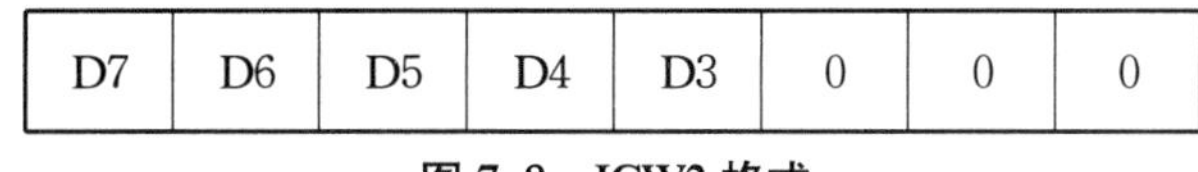

D7	D6	D5	D4	D3	0	0	0

图 7.8　ICW2 格式

• D7～D3：中断类型号的高 5 位，低 3 位为 IR0～IR7 的序号。

本例中，8259 的 IR0～IR7 中断类型号欲设置为 80H～87H，高 5 位为 10000，故 ICW2 应为 10000000B。8259 的奇地址为 22H，代码应为

```
MOV    AL,10000000B
OUT    22H,AL
```

3. ICW3：设置主/从片

主片 ICW3 的格式如图 7.9 所示，应写入主片 8259 的奇地址端口。

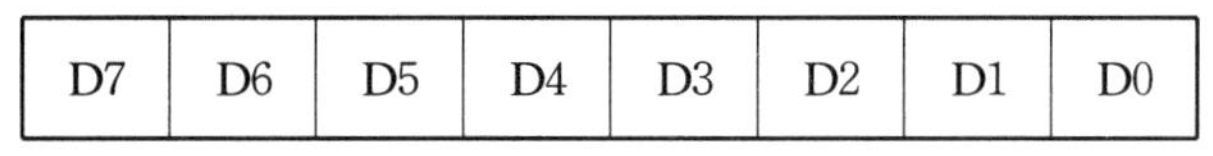

D7	D6	D5	D4	D3	D2	D1	D0

图 7.9　主片 ICW3 格式

• Di：IRi 是否接有从片。0：未接从片；1：接有从片。

从片 ICW3 的格式如图 7.10 所示，应写入从片 8259 的奇地址端口。

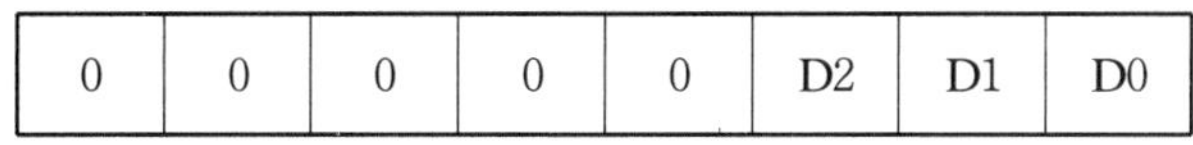

0	0	0	0	0	D2	D1	D0

图 7.10　从片 ICW3 格式

• D2、D1、D0：该从片接入主片哪个中断请求输入端，000～111 对应 IR0～IR7。

如主片的 IR2 接有从片，主片 ICW3 应为 00000100B，从片 ICW3 应为 00000010B。若主片的奇地址为 22H，从片的奇地址为 A2H，代码应为

```
主片：MOV    AL,00000100B
      OUT    22H,AL
从片：MOV    AL,00000010B
      OUT    0A2H,AL
```

本例中，只有一片 8259，为单片方式，不需要设置 ICW3。

4. ICW4：方式控制

ICW4 的格式如图 7.11 所示，应写入 8259 的奇地址端口。

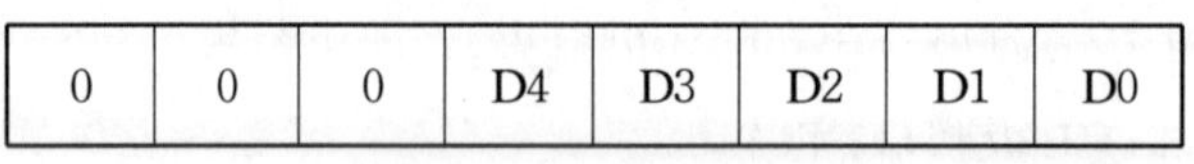

0	0	0	D4	D3	D2	D1	D0

图 7.11　ICW4 格式

· D4:全嵌套方式。0:非特殊全嵌套;1,特殊全嵌套。

非特殊全嵌套用于单片方式,特殊全嵌套用于级联方式的主片。工作于特殊全嵌套方式的主片可以被同级中断打断,同一个从片的更高级中断可以打断较低级中断,因连接在主片的同一个 IRi 引脚,故为主片的同级请求。

· D3、D2:是否缓冲、主从片。0×:非缓冲方式,由$\overline{SP}$引脚确定主从片;10:缓冲方式、从片;11:缓冲方式、主片。

· D1:是否自动结束。0:非自动结束方式;1:自动结束方式。

8259 内部有 1 个 8 位的中断服务寄存器 ISR,保存 IR7～IR0 的执行状态,如 IR2 正在执行,ISR 的值为 00000100B。中断嵌套时,ISR 可有多位为 1,如 IR2 正在执行时被 IR0 打断,ISR 的值为 00000101B。

自动结束方式,在第 2 个中断响应周期,自动将 ISR 中被响应中断的相应位清 0,较少使用。非自动结束方式,在中断服务程序返回前,通过写入 OCW2 清除 ISR 相应位结束中断。

· D0:是否为 8086 系统。0:8080/8085 系统;1:8086/8088 系统。

本例中,单片方式选择非特殊全嵌套、非缓冲方式、非自动结束、8086 系统,故 ICW4 应为 00000001B。8259 的奇地址为 22H,代码应为

```
MOV     AL,00000001B
OUT     22H,AL
```

7.3.2　操作命令字

操作命令字包括 OCW1～OCW3,8259 初始化后可以在程序的任意位置设置,动态的对 8259 当前状态进行管理。

1. OCW1:屏蔽控制

OCW1 的格式如图 7.12 所示,应写入 8259 的奇地址端口。

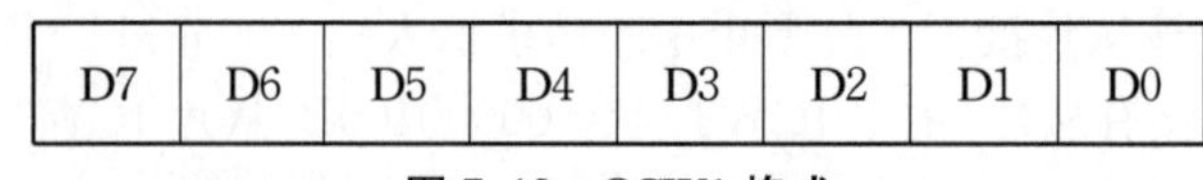

D7	D6	D5	D4	D3	D2	D1	D0

图 7.12　OCW1 格式

· Di:开放/屏蔽 IRi 的中断请求。0:开放;1:屏蔽。

8259 内部有 3 个 8 位的寄存器,分别为中断请求寄存器 IRR、中断服务寄存器 ISR、中断屏蔽寄存器 IMR。其中 IRR 保存 IR7～IR0 的请求状态,ISR 保存执行状态,IMR 保存屏蔽状态。

如 IR0、IR1、IR2 同时有请求,IRR 的值为 00000111B。若 IMR 的值为 11111001B,IR1、IR2 开放 IR0 屏蔽,优先级判别器将开放的优先级较高的 IR1 的请求送给 ISR,ISR 的值为 00000010B,同时清除 IRR 中被响应中断的对应位,IRR 的值变为 00000101B。

本例中，IR0 有中断请求需开放，故 OCW1 应为 11111110B。8259 的奇地址为 22H，代码应为

```
MOV     AL,11111110B
OUT     22H,AL
```

2. OCW2：设置优先级循环方式、中断结束方式

OCW2 的格式如图 7.13 所示，应写入 8259 的偶地址端口。

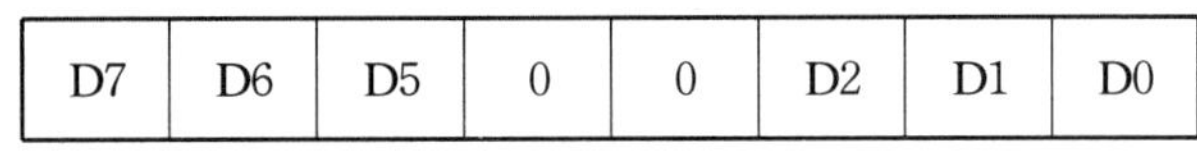

D7	D6	D5	0	0	D2	D1	D0

图 7.13　OCW2 格式

- D7：优先级是否循环。0：固定，IR0 最高，IR7 最低；1：循环，当前执行完的优先级最低，下一级最高。
- D6：D2～D0 是否有效。0：无效；1：有效。
- D5：是否中断结束。0：不结束；1：结束。
- D2、D1、D0：000～111 对应 IR0～IR7。

当 D5 = 1 中断结束时，若 D6 = 1，中断结束方式从普通结束变为特殊结束，即从清除 ISR 中优先级最高位，变为清除 ISR 中 D2～D0 指定位。

当 D7 = 1 优先级循环时，若 D6 = 1，D2～D0 为循环时的最低优先级。

本例中，只需在中断服务程序返回前，实现普通结束方式即可，故 OCW2 应为 00100000B。8259 的偶地址为 20H，代码应为

```
MOV     AL,00100000B
OUT     20H,AL
```

3. OCW3：设置特殊屏蔽方式、查询方式

OCW3 的格式如图 7.14 所示，应写入 8259 的偶地址端口，较少使用。

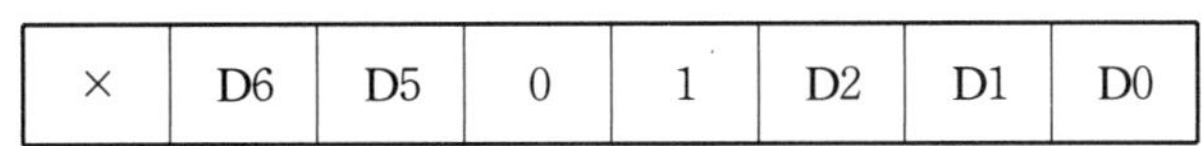

×	D6	D5	0	1	D2	D1	D0

图 7.14　OCW3 格式

- D6、D5：是否设置特殊屏蔽方式。10：取消；11：设置，只屏蔽本级请求，高级和低级均可进入。
- D2：设置 8259 是否为查询方式。0：不查询；1：查询，中断源超过 64 个时，可通过程序查询方式确定中断源，CPU 读取 8259 的查询字格式如图 7.15 所示。

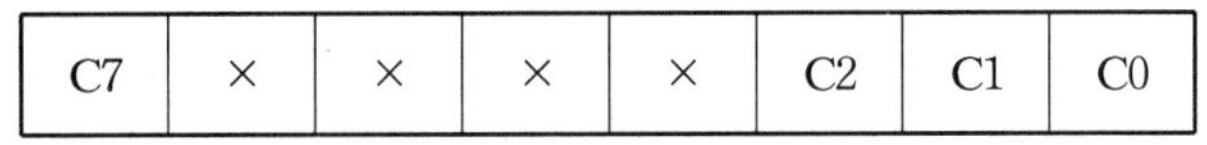

C7	×	×	×	×	C2	C1	C0

图 7.15　查询字格式

- C7：是否有请求。0：无请求；1：有请求。
- C2、C1、C0：当前中断请求的最高优先级，000～111 对应 IR0～IR7。
- D1、D0：读 IRR/ISR。10：读 IRR；11：读 ISR。

7.4 源 程 序

```
DATA    SEGMENT
        TABLE     DB 3FH,06H,5BH,4FH,66H,6DH,7DH,07H,
                     7FH,6FH,77H,7CH,58H,5EH,79H,71H
DATA    ENDS
CODE    SEGMENT
        ASSUME    CS:CODE,DS:DATA
START:  MOV       AX,DATA
        MOV       DS,AX
        ;设置中断向量
        MOV       AX,0
        MOV       ES,AX                    ;ES=0
        MOV       BX,4*80H                 ;BX=4×80H
        MOV       ES:WORD PTR[BX],OFFSET INTRA
                                           ;取中断服务程序 INTRA
                                           ;的偏移地址
                                           ;送入 4×80H
        MOV       ES:WORD PTR[BX+2],SEG INTRA
                                           ;取中断服务程序 INTRA
                                           ;的段地址
                                           ;送入 4×80H+2
        ;8259 初始化
        MOV       AL,00010011B             ;ICW1,边沿触发、单片、
                                           ;设置 ICW4
        OUT       20H,AL                   ;送入 8259 偶地址端
                                           ;口 20H
        MOV       AL,10000000B             ;ICW2,中断类型号为
                                           ;80H～87H
        OUT       22H,AL                   ;送入 8259 奇地址端
                                           ;口 22H
        MOV       AL,00000001B             ;ICW4,非特殊全嵌套、
                                           ;非缓冲、非自动结束、
```

```
                                ;8086 系统
        OUT     22H,AL          ;送入 8259 奇地址端口
                                ;22H
        MOV     AL,11111110B    ;OCW1,屏蔽 IR1～
                                ;IR7,只开放 IR0
        OUT     22H,AL          ;送入 8259 奇地址端
                                ;口 22H
        ;8255 初始化
        MOV     AL,00000101B    ;8255 的 C 口置位/复位
                                ;控制字,PC2=1,即
                                ;B 口的 INTEi=1,
                                ;输入中断允许
        OUT     66H,AL          ;送入 8255 控制端口
                                ;66H
        MOV     AL,10000110B    ;8255 的方式选择控制
                                ;字,设置 A 口
                                ;为方式 0 输出,B 口为
                                ;方式 1 输入
        OUT     66H,AL          ;送入 8255 控制端口
                                ;66H

        ;开中断等待中断请求

        STI                     ;IF=1,开中断
AGAIN:  MOV     AL,80H          ;8086 模型有问题,它取
                                ;得的中断类型号是最后
        OUT     0,AL            ;发到总线上的数据,并
                                ;不是由 8259 发出的中
                                ;断类型号
        JMP     AGAIN           ;等待中断请求
        ;中断服务程序

INTRA:  PUSH    AX              ;保护 AX 内容,AX 入栈
        PUSH    BX              ;保护 BX 内容,BX 入栈
        IN      AL,62H          ;从 8255 的 B 口 62H 读
                                ;入开关状态
```

```
        AND         AL,0FH              ;将无用的高 4 位清 0
        MOV         BX,OFFSET TABLE
                                        ;BX 指向 TABLE 首
                                        ;地址
        XLAT                            ;换码,AL 换为所需输
                                        ;出的数值
        OUT         60H,AL              ;送入 A 口 60H 连接的
                                        ;七段数码管
        MOV         AL,00100000B        ;OCW2,普通结束方
                                        ;式,中断结束
        OUT         20H,AL              ;送入 8259 偶地址端
                                        ;口 20H
        POP         BX                  ;恢复 BX 内容,BX
                                        ;出栈
        POP         AX                  ;恢复 AX 内容,AX
                                        ;出栈
        IRET                            ;中断返回
        ;程序结束
        MOV         AH,4CH
        INT         21H
CODE    ENDS
        END         START
```


7.5 调试运行

运行时,先拨动开关,七段数码管无变化,按下按钮后数码管才显示对应的数字。全部闭合显示 0,全部断开显示 F,结果正确,同图 6.9、图 6.10。

选用 8253、8255 和 8259 构成硬件电路,通过按钮控制 8 个发光二极管循环依次点亮,移位时间为 2 s。

第 8 章　可编程串行通信接口芯片 8251

本章知识点

1. 串行通信相关概念。
2. 8251 各引脚功能及与 8086 CPU 地址、数据、控制引脚的连接方法。
3. 8251 的方式字、命令字、状态字格式及编程流程。

8251 是一种通用的可编程串行通信接口芯片，既可工作于同步方式，也可工作于异步方式，本章将通过实例介绍 8251 的应用。

【实例要求】 选用 8251 实现异步串行通信，向终端输出 26 个英文字母，8251 端口地址为 30H、32H。

图 8.1 是本例的 ISIS 电路连接图。

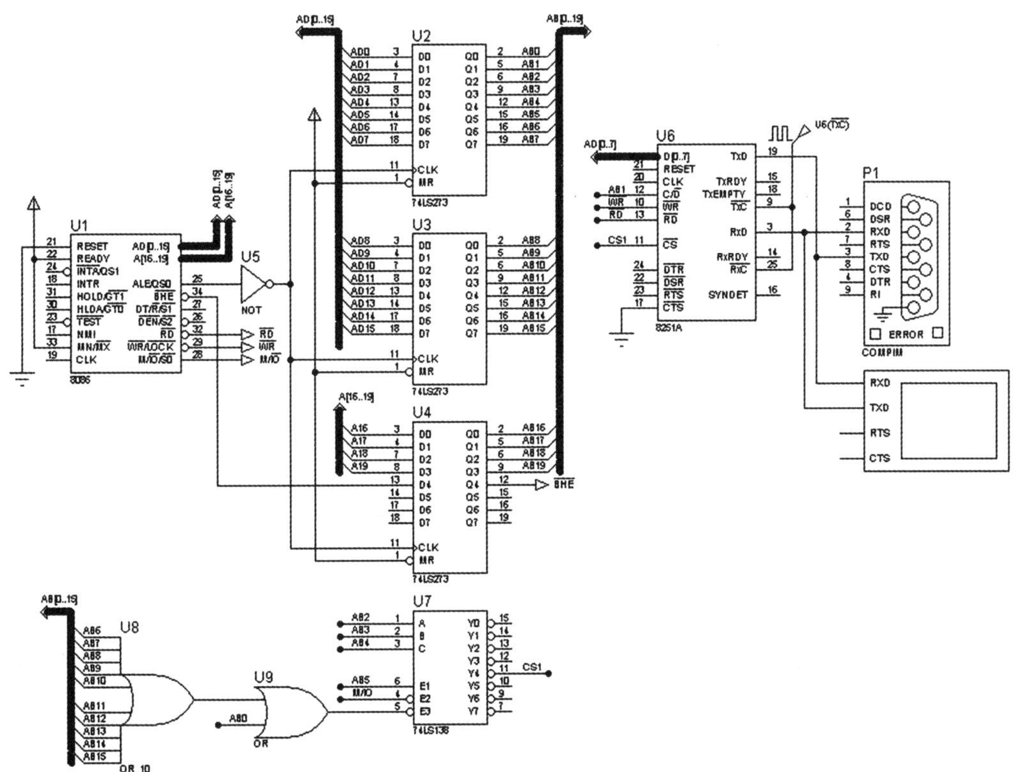

图 8.1　8251 实例图

8.1 串行通信

计算机与外部的信息交换称为通信，通信按传输位数可分为并行通信和串行通信两类。并行通信时，多位数据同时传送，速度快，由于远距离传输成本较高，适合近距离通信，如计算机内部的数据传送。串行通信时，在单根线上一位一位传送，速度慢，适合远距离通信。

串行通信又可分为同步通信和异步通信两类。

8.1.1 同步通信

同步通信通过识别同步字符实现数据块的发送和接收。数据开始传输时，发送方发送一个或两个特殊字符作为同步字符，当发送方和接收方达到同步后，就可以连续地发送一大块数据。

同步通信的数据传输率较高，但要求发送方和接收方的时钟保持严格的同步，实现的硬件和软件成本也较高。

8.1.2 异步通信

异步通信利用字符格式再同步技术以字符为单位传输。为了确认被传送的字符，约定字符帧格式为 1 个起始位（低电平）、5～8 个数据位（低→高）、1 个奇偶校验位、1/1.5/2个终止位（高电平）。传送数据前，数据线始终为高电平。一旦变为低电平，即为字符的起始位开始传送字符。接到终止位时，表示一帧字符发送完毕。

异步通信的有效数据传输率较低，但发送方和接收方可以有各自的时钟，成本低。

8.1.3 波特率

串行通信中，常用波特率表示数据传输的速率。波特率是单位时间内传送二进制数的位数，单位是 b/s（位/秒），记作波特。

8.2 连　　线

8.2.1 8251

在 Proteus 元件库中直接找不到 8251A 芯片，但在 Proteus 自带的实例里有。打开安装目录中“Labcenter Electronics\Proteus 7 Professional\SAMPLES\VSM for 8086\8086 Demo Board\DemoBoard.dsn”，找到“8251A”后，单击右键在弹出菜单中选择“复制”，然后切换回本例在图形编辑窗口中粘贴，连接方法如图 8.2 所示。

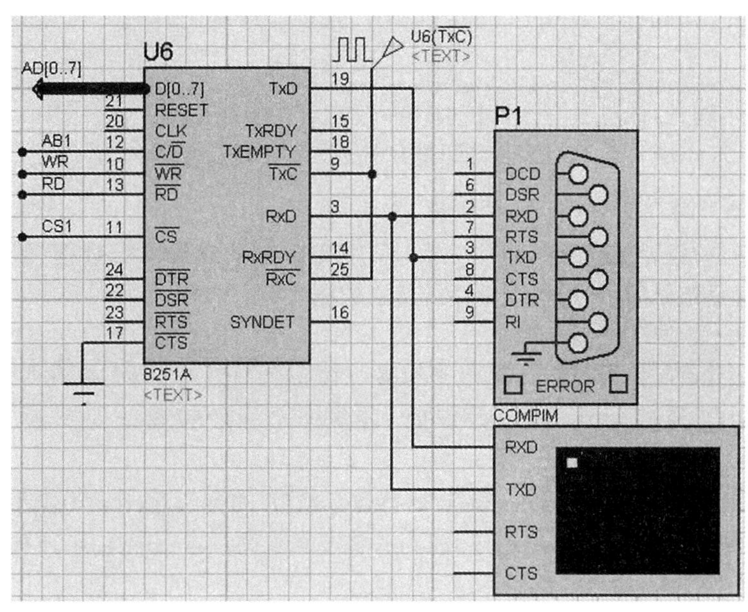

图 8.2　8251 引脚连接图

1．D[0..7]

8 个双向数据引脚，用于和 CPU 传送数据。

本例中通过终端法连接到低 8 位数据总线 AD[0..7]，如图 8.2 所示。

2．RESET

复位信号，输入，高电平有效。该引脚有效时表示 8251 进入空闲状态，等待对芯片进行初始化编程。本例中无用，不接线。

3．CLK

时钟信号，输入，8251 的内部工作时钟。在同步方式中，CLK 的频率应高于 $\overline{TxC}$ 和 $\overline{RxC}$ 的 30 倍。在异步方式中，CLK 的频率应高于 $\overline{TxC}$ 和 $\overline{RxC}$ 的 4.5 倍。本例中无用，不接线。

4．C/$\overline{D}$

控制/数据选择信号，输入。C/$\overline{D}$=0，选中 8251 的数据端口；C/$\overline{D}$=1，选中 8251 的控制端口。

本例与 8253 类似，C/$\overline{D}$ 与地址总线中的 AB1 相连，以保证 8251 的数据端口和控制端口的地址分别为偶地址 30H 和 32H。

5．$\overline{WR}$

写允许信号，输入，低电平有效。该引脚有效时，数据可以写入 8251 芯片。

本例中,$\overline{\mathrm{WR}}$引脚接 8086 CPU 的$\overline{\mathrm{WR}}$引脚,标签名为“WR”。

6. $\overline{\mathrm{RD}}$

读允许信号,输入,低电平有效。该引脚有效时,可以从 8251 芯片读出数据。

本例中,$\overline{\mathrm{RD}}$引脚接 8086 CPU 的$\overline{\mathrm{RD}}$引脚,标签名为“RD”。

7. $\overline{\mathrm{CS}}$

片选信号,输入,低电平有效。该引脚有效时芯片才能正常工作。

本例中,$\overline{\mathrm{CS}}$引脚连接 74LS138 译码器送出的片选信号,标签名为“CS1”。

8. 调制解调器(MODEM)相关引脚

计算机在进行远程通信时,可用 8251 作为接口芯片与 MODEM 连接,建立发送和接收的联络握手信号后,经过标准电话线传送数据。

(1) $\overline{\mathrm{DTR}}$

数据终端准备好信号,输出,低电平有效。该引脚有效时 8251 告诉 MODEM 已准备好接收数据,可通过 8251 的命令字设置。本例中无用,不接线。

(2) $\overline{\mathrm{DSR}}$

数据装置准备好信号,输入,低电平有效。$\overline{\mathrm{DTR}}$的回答信号,该引脚有效时表示 MODEM 已准备好发送数据,可通过 8251 的状态字查询。本例中无用,不接线。

(3) $\overline{\mathrm{RTS}}$

请求发送信号,输出,低电平有效。该引脚有效时 8251 告诉 MODEM 已准备好发送数据,可通过 8251 的命令字设置。本例中无用,不接线。

(4) $\overline{\mathrm{CTS}}$

清除发送信号,输入,低电平有效。$\overline{\mathrm{RTS}}$的回答信号,该引脚有效时表示 MODEM 已准备好接收数据,允许 8251 执行发送操作。

本例中$\overline{\mathrm{CTS}}$引脚接地,随时允许 8251 发送数据。

9. 发送器相关引脚

(1) TxD

发送数据信号,输出。CPU 送来的并行数据先存入发送器,8251 将其转换成串行格式后,逐位从 TxD 引脚发送到外部。

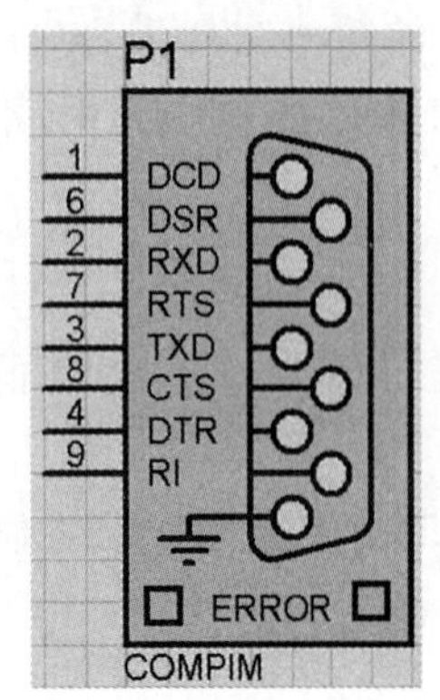

图 8.3 COMPIM 引脚图

本例中 TxD 引脚同时连接虚拟串口(COMPIM)的 TxD 引脚和虚拟终端(VIRTUAL TERMINAL)的 RxD 引脚。

① COMPIM。

在 Proteus 元件库中找到 COMPIM(9 芯的 RS-232 接口),引脚图如图 8.3 所示。在图形编辑窗口中放置后,将 COMPIM 的 TxD 引脚连接到 8251 的 TxD 引脚,则发送到 8251 的数据可通过 COMPIM 串行输出。

完成连线后,左键双击 COMPIM 芯片,打开属性对话框,将“Physical Baud Rate”(物理波特率)和“Virtual Baud Rate”(虚拟波特率)的数值都设置为“9600”波特,以和虚拟终端保持一致,如图 8.4 所示。

同时,“Physical port”(物理端口号)默认为“COM1”,传送的“Physical/Virtual Data Bits”(物理/虚拟数据位)为“8”位,“Physical/Virtual Parity”(物理/虚拟校验位)为“NONE”(无),“Physical/Virtual Stop Bits”(物理/虚拟停止位)为“1”位,之后虚拟终端及8251的相关设置,都应保持一致。

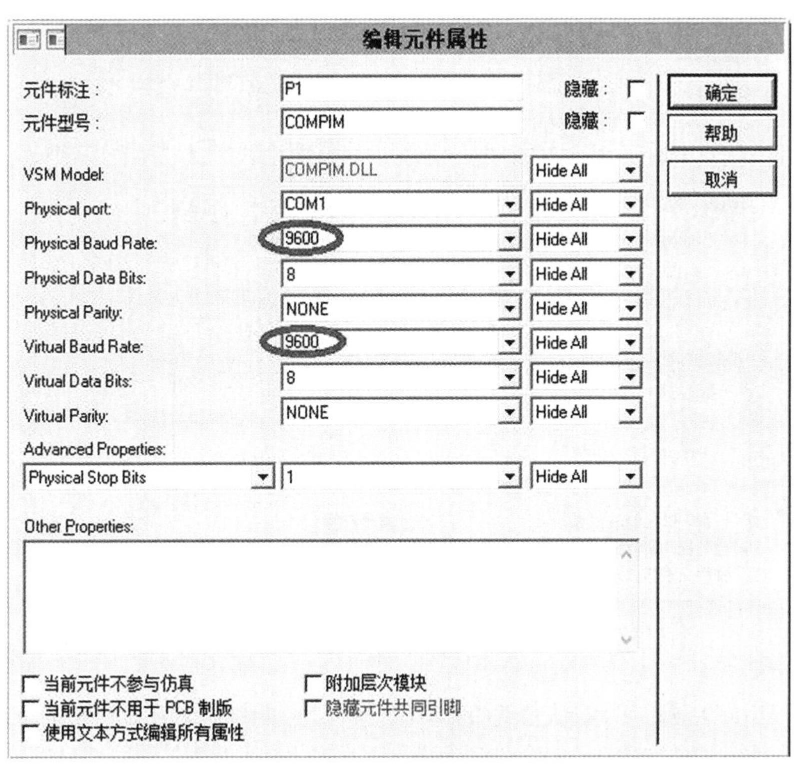

图 8.4　COMPIM 属性对话框

COMPIM为COM口物理接口模型,是标准的9芯RS-232串行接口,可以实现Proteus仿真环境与真实环境中电脑物理串口间的通信。

如仿真电路中COMPIM接口设置的物理端口为COM1,则向COMPIM芯片发送的数据,会通过电脑的COM1串行口输出。同样,送到电脑COM1口的数据,也会通过COMPIM芯片送到仿真电路里面。

COMPIM的1号引脚DCD为数据载波检测信号,9号引脚RI为振铃指示信号,2~8号引脚与8251的同名引脚功能相同。

② VIRTUAL TERMINAL。

单击绘图工具栏中的虚拟仪器模式按钮,在对象选择窗口中单击“VIRTUAL TERMINAL”(虚拟终端),在图形编辑窗口中放置后如图8.5所示。将8251的TxD引脚连接到虚拟终端的RxD引脚,则发送到8251的数据可通过虚拟终端显示。

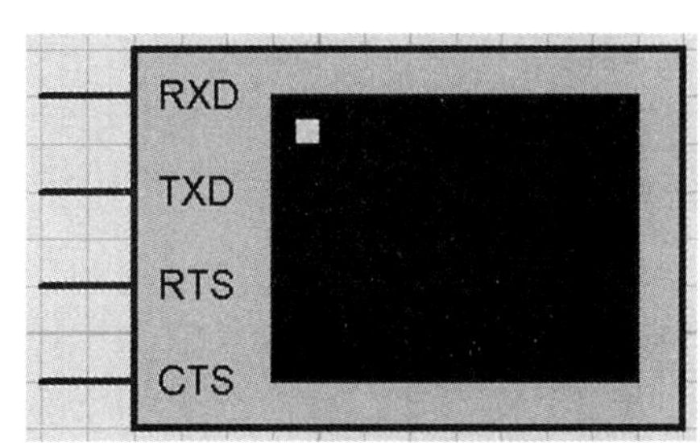

图 8.5　虚拟终端引脚图

完成连线后,左键双击虚拟终端,打开属性对话框,如图 8.6 所示。

编辑元件属性

元件标注:		隐藏:	
元件型号:		隐藏:	
Baud Rate:	9600	Hide All	
Data Bits:	8	Hide All	
Parity:	NONE	Hide All	
Stop Bits:	1	Hide All	
Send XON/XOFF:	No	Hide All	
PCB Package:	(Not Specified)	?	Hide All
Advanced Properties:			
RX/TX Polarity	Normal	Hide All	

确定 帮助 取消

Other Properties:

当前元件不参与仿真 附加层次模块
当前元件不用于 PCB 制版 隐藏元件共同引脚
使用文本方式编辑所有属性

图 8.6 虚拟终端属性对话框

“Baud Rate”(波特率)默认值为“9600”波特,传送的“Data Bits”(数据位)为“8”位,“Parity”(校验位)为“NONE”(无),“Stop Bits”(停止位)为“1”位,与 COMPIM 一致。

虚拟终端可以通过屏幕接收串口发来的数据,也可以通过键盘向串口发送数据,便于仿真时对串口进行观察和调试。虚拟终端的引脚与 8251 的同名引脚功能相同,本例向终端输出 26 个英文字母,使用了虚拟终端 RxD 引脚的接收功能。

(2) $\overline{\text{TxC}}$

发送器时钟信号,输入。在同步方式中,$\overline{\text{TxC}}$输入的时钟频率应等于发送数据的波特率。在异步方式中,$\overline{\text{TxC}}$输入的时钟频率可以是波特率的 1 倍、16 倍、64 倍,其中 1/16/64 为 8251 方式字的波特率系数。时钟频率比波特率高,可以减少信号噪声引发错误的概率。

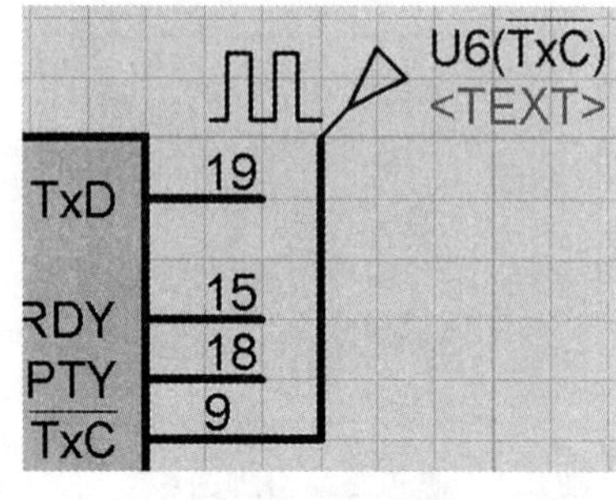

图 8.7 $\overline{\text{TxC}}$引脚连接图

本例中选择的波特率系数是 16,虚拟串口和虚拟终端设置的波特率是 9600 b/s,所以$\overline{\text{TxC}}$引脚接入的时钟脉冲应为 9600×16=153600 Hz=153.6 kHz。

单击绘图工具栏中的激励源模式按钮,在对象选择窗口中选择“DCLOCK”(时钟脉冲),连接“$\overline{\text{TxC}}$”引脚,如图 8.7 所示,DCLOCK 属性设置如图 8.8 所示。

(3) TxRDY

发送器准备好信号,输出,高电平有效。该引脚有效时表示发送器已准备好从 CPU 接收数据,当 CPU 向 8251 输出一个数据后,该引脚变为低电平。中断方式中该引脚可接中断请求,查询方式中该引脚可通过 8251 的状态字查询。本例采用查询方式,不接线。

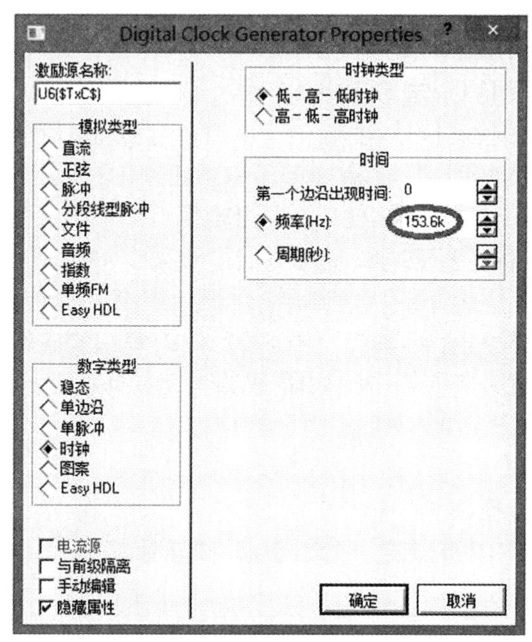

图 8.8 DCLOCK 属性对话框

(4) TxEMPTY

发送器空信号,输出,高电平有效。该引脚有效时表示发送器空,即已完成一次发送操作,当 8251 从 CPU 接收到一个数据后,该引脚变为低电平,可通过 8251 的状态字查询。本例中无用,不接线。

8251 发送数据的过程如下:

TxRDY 有效→CPU 写数据到 8251→8251 发送数据→发送完毕→TxEMPY 有效。

10. 接收器相关引脚

(1) RxD

接收数据信号,输入。外部串行数据通过 RxD 引脚逐位移入接收器中,8251 将串行数据转换为并行数据后,送入 CPU。

在连线时,RxD 引脚同时连接虚拟串口 COMPIM 的 RxD 引脚和虚拟终端 VIRTUAL TERMINAL 的 TxD 引脚,则虚拟串口接收的数据可通过 8251 送给 CPU,而虚拟终端也可以通过键盘将数据送入 8251。程序中只发送数据,此引脚虽接线但未使用。

(2) $\overline{RxC}$

接收器时钟信号,输入。在同步方式中,$\overline{RxC}$输入的时钟频率应等于接收数据的波特率。在异步方式中,$\overline{RxC}$输入的时钟频率可以是波特率的 1 倍、16 倍、64 倍。本例中选择的波特率系数是 16,对应的时钟脉冲为 153.6 kHz,并接到$\overline{TxC}$引脚。程序中只发送数据，此引脚虽接线但未使用。

(3) RxRDY

接收数据准备好信号，输出，高电平有效。该引脚有效时表示接收器已收到数据，准备送给 CPU，当 CPU 从 8251 读取一个数据后，该引脚变为低电平。中断方式中该引脚可接中断请求，查询方式中该引脚可通过 8251 的状态字查询。本例中无用，不接线。

(4) SYNDET/BRKDET

同步检测/断点检测信号，输入/输出。

· 内同步方式：同步检测信号，输出。CPU 通过监测 RxD 引脚接收到的数据，判断是否与同步字符相同，若相同，则将 SYNDET 引脚置为高电平，表示已实现同步。

· 外同步方式：同步检测信号，输入。外部电路检测同步字符，若检测到同步字符，从 SYNDET 引脚输入高电平通知 8251，表示已实现同步，8251 开始从 RxD 引脚接收同步数据。

· 异步方式：断点检测信号，输出。当 8251 从 RxD 引脚连续接收到两个全 0 字符时，将 BRKDET 引脚置为高电平，表示当前线路上无数据可读。BRKDET 引脚状态可通过 8251 的状态字查询。

本例中无用，不接线。

8251 接收数据的过程如下：

8251 接收数据→RxRDY 有效→CPU 从 8251 读数据。

8.2.2 74LS138

在 Proteus 元件库中找到 74LS138 芯片，在图形编辑窗口中放置 1 片，连接方法如图 8.9 所示。

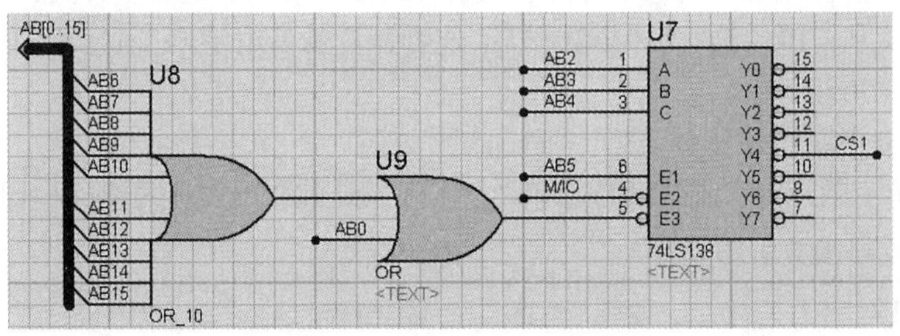

图 8.9　74LS138 引脚连接图

8251 的端口地址为 30H、32H，对应到地址线如图 8.10 所示。其中 A1 作为 8251 的端口选择信号。

A15	A14	A13	A12	A11	A10	A9	A8	A7	A6	A5	A4	A3	A2	A1	A0
0	0	0	0	0	0	0	0	0	0	1	1	0	0	0	0
														1	

图 8.10　8251 地址范围

1. C、B、A

选择 A4、A3、A2 连接 74LS138 的 C、B、A 引脚完成芯片选择，标签分别为“AB4”“AB3”“AB2”。选中 8251 时 C、B、A 的组合为 100，$\overline{\text{Y4}}$为 0。

2. E1、$\overline{\text{E2}}$、$\overline{\text{E3}}$

选择外设端口时，M/$\overline{\text{IO}}$为 0，剩余地址线中 A5 为 1，其余为 0。决定 AB5 接 E1，M/$\overline{\text{IO}}$接$\overline{\text{E2}}$(标签名为“M/ $IO $ ”)。因为 Proteus 元件库中没有 11 引脚或门，决定 AB6～AB15 先连接 10 引脚或门(OR_10)，输出端再和 AB0 通过或门(OR)接$\overline{\text{E3}}$。

3. $\overline{\text{Y4}}$

选中 8251 时，$\overline{\text{Y4}}$为 0，故选择$\overline{\text{Y4}}$连接 8251 的$\overline{\text{CS}}$引脚，标签为“CS1”。

8.3　8251 的编程

8.3.1　方式字

方式字用来定义 8251 的工作方式，应在芯片复位后写入 8251 的控制端口，异步方式的方式字格式如图 8.11 所示。

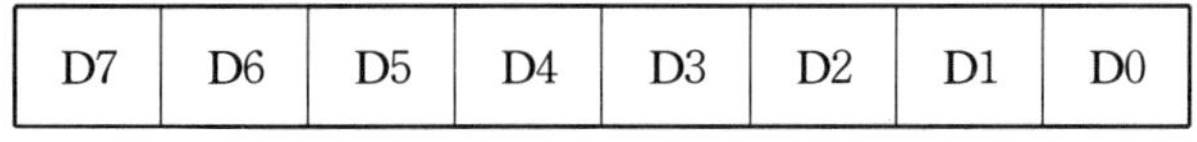

D7	D6	D5	D4	D3	D2	D1	D0

图 8.11　异步方式的方式字格式

- D7、D6：停止位位数。01：1 位；10：1.5 位；11：2 位。
- D5、D4：校验方式。x0：无校验位；01：奇校验；11：偶校验。
- D3、D2：数据位数。00：5 位；01：6 位；10：7 位；11：8 位。
- D1、D0：波特率系数。01：1；10：16；11：64。

同步方式的方式字格式如图 8.12 所示。

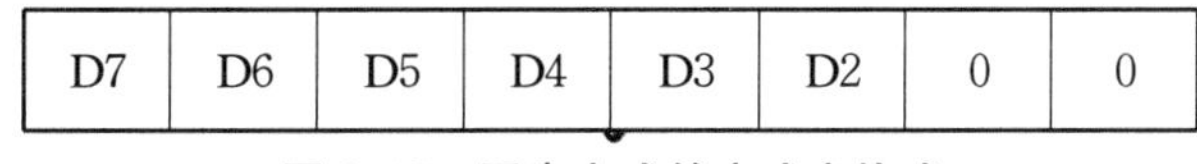

D7	D6	D5	D4	D3	D2	0	0

图 8.12　同步方式的方式字格式

- D7：同步字符个数。0：双字符；1：单字符。
- D6：同步方式。0：内同步；1：外同步。
- D5～D2：同异步方式的 D5～D2。

本例中，采用异步方式，波特率系数 16，8 个数据位，1 个停止位，无校验位，故方式字应为 01001110B。8251 的控制端口地址为 32H，代码应为

```
MOV     AL,01001110B
OUT     32H,AL
```

8.3.2 命令字

命令字用来指定 8251 的实际操作，格式如图 8.13 所示，应在写入方式字后写入 8251 的控制端口。

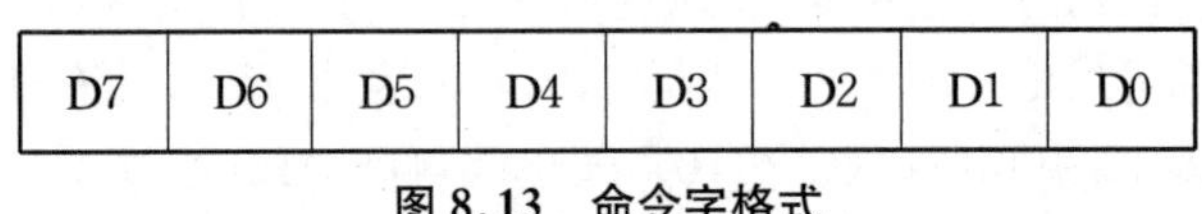

D7	D6	D5	D4	D3	D2	D1	D0

图 8.13　命令字格式

· D7：是否在内同步方式中启动搜索同步字符。0：不启动；1：启动。

· D6：是否内部复位，使 8251 回到接收方式字的状态。0：不复位；1：复位。

· D5：是否使$\overline{RTS}$引脚输出低电平，以请求向 MODEM 发送数据。0：不输出；1：输出。

· D4：是否清除三个错误标志（帧错误、溢出错误、奇偶校验错误）。0：不清除；1：清除。

· D3：是否使 TxD 引脚连续输出空白字符（全 0）。0：不输出；1：输出。

· D2：是否允许接收器通过 RxD 引脚接收数据。0：禁止；1：允许。

· D1：是否使$\overline{DTR}$引脚输出低电平，以通知 MODEM 准备接收数据。0：不输出；1：输出。

· D0：是否允许发送器通过 TxD 引脚发送数据。0：禁止；1：允许。

写入方式字前，应先内部复位 8251，命令字应为 01000000B。8251 的控制端口地址为 32H，代码应为

```
MOV     AL,01000000B
OUT     32H,AL
```

传送数据前，应先清除错误标志，并允许接收、发送数据，命令字为 00010101B，代码应为

```
MOV     AL,00010101B
OUT     32H,AL
```

8.3.3 状态字

状态字可以用来检测 8251 的工作状态，格式如图 8.14 所示，应从 8251 的控制端口读入。

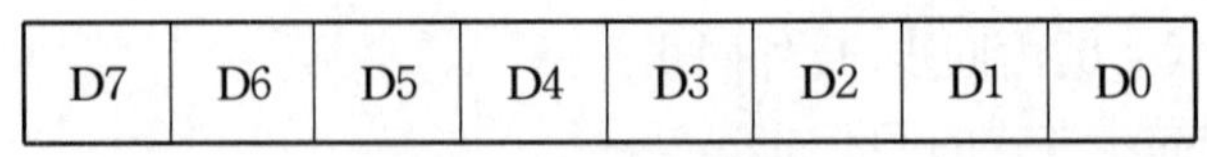

D7	D6	D5	D4	D3	D2	D1	D0

图 8.14　状态字格式

· D7：同$\overline{DSR}$引脚含义类似，MODEM 是否准备好发送数据，但信号有效方式相反。0：未准备好；1：已准备好。

· D6：同 SYNDET/BRKDET 引脚含义。(SYNDET)是否同步。0：未同步；1：已同

步。(BRKDET)线路上是否有数据可读。0:有;1:没有。

• D5:帧错误标志位,一帧数据必须满足约定的字符帧格式,只用于异步方式。0:未出错;1:出错。

• D4:溢出错误标志位,前一字符未取走时新字符到达。0:未出错;1:出错。

• D3:奇偶校验错误标志位。0:未出错;1:出错。

• D2:同 TxEMPTY 引脚含义,发送器是否为空。0:非空;1:已空。

• D1:同 RxRDY 引脚含义,接收器是否已收到可送给 CPU 的数据。0:未收到;1:已收到。

• D0:同 TxRDY 引脚含义类似,发送器是否准备好从 CPU 接收数据。该状态位当发送器为空时即置 1,但是引脚需发送器为空、MODEM 准备好接收数据(引脚$\overline{CTS}=0$)、允许发送器通过 TxD 引脚发送数据(命令字的 D0=1)同时成立才会置 1。

本例使用的是查询方式,在将字母发送给 8251 数据端口前,要先检测发送器是否已准备好从 CPU 接收数据,即判断状态字的 D0 位是否为 1。8251 的控制端口地址为 32H,代码应为

```
AGAIN:  IN      AL,32H          ;从控制端口 32H 读入状态字
        TEST    AL,01H          ;测试指令,AL 中除 D0 位外全清 0,
                                ;不保存结果,只根据结果设置状态位
        JZ      AGAIN           ;若结果为 0(ZF=1),即 D0=0,
                                ;则发送器未准备好,循环等待
```

8.3.4 编程流程

1. 异步方式

软件复位→输出方式字→输出命令字→查询/中断方式传送数据。

2. 同步方式

软件复位→输出方式字→输出 1/2 个同步字符→输出命令字→查询/中断方式传送数据。

其中软件复位的过程如下:

先向控制端口写入 3 个 0,再写入命令字对 8251 内部复位,命令字应为 01000000B。

注意 对 8251 的控制端口进行写入操作时,需要写恢复时间,故在每次写入后应加入一条或多条空指令(NOP)。

8251 的控制端口地址为 32H,代码应为

```
           MOV     AL,0            ;AX=0
           MOV     CX,3            ;设置循环次数 CX=3
OUTPUT0:   OUT     32H,AL          ;向控制端口 32H 连续写入 3 个全 0
           NOP                     ;空指令,延时
           LOOP    OUTPUT0         ;循环指令,CX-1→CX,若循环次数
```

```
                                   ;CX≠0,转到 OUTPUT0 再次循环,
                                   ;否则顺序执行下一条指令
          MOV       AL,01000000B   ;命令字,8251 复位
          OUT       32H,AL         ;送入控制端口 32H
          NOP                      ;空指令,延时
```

8.4 源 程 序

```
CODE      SEGMENT
          ASSUME    CS:CODE
START:    MOV       AL,0           ;AX=0
          MOV       CX,3           ;设置循环次数 CX=3
OUTPUT0:  OUT       32H,AL         ;向控制端口 32H 连续写入 3 个全 0
          NOP                      ;空指令,延时
          LOOP      OUTPUT0        ;循环指令,CX-1→CX,若循环次数
                                   ;CX≠0,转到 OUTPUT0 再次循环,
                                   ;否则顺序执行下一条指令
          MOV       AL,01000000B   ;命令字,8251 复位
          OUT       32H,AL         ;送入控制端口 32H
          NOP                      ;空指令,延时
          MOV       AL,01001110B   ;方式字,异步方式,波特率系数 16,
                                   ;8 个数据位,1 个停止位,无校验位
          OUT       32H,AL         ;送入控制端口 32H
          NOP                      ;空指令,延时
          MOV       AL,00010101B   ;命令字,清除错误标志,允许接收、
                                   ;发送数据
          OUT       32H,AL         ;送入控制端口 32H
          NOP                      ;空指令,延时
          MOV       CX,26          ;设置循环次数 CX=26
          MOV       BL,'A'         ;设置 BL=字符 A 的 ASCII 码
AGAIN:    IN        AL,32H         ;从控制端口 32H 读入状态字
          TEST      AL,01H         ;测试指令,AL 中除 D0 位外全清 0,
                                   ;不保存结果,只根据结果设置状态位
          JZ        AGAIN          ;若结果为 0(ZF=1),即 D0=0,
                                   ;则发送器未准备好,循环等待
```

```
        MOV     AL,BL       ;D0=1 退出循环,发送器已准备好,
                            ;将当前字母从 BL→AL
        OUT     30H,AL      ;送入数据端口 30H 连接的串口 COM1
                            ;和虚拟终端
        INC     BL          ;BL+1→BL,
                            ;BL=下个字母的 ASCII 码
        LOOP    AGAIN       ;循环输出 26 个字母
        MOV     AH,4CH
        INT     21H
CODE    ENDS
        END     START
```

8.5 调试运行

单击运行按钮,虚拟终端执行结果如图 8.15 所示,显示了 26 个字母,表示串行输出成功,结果正确。

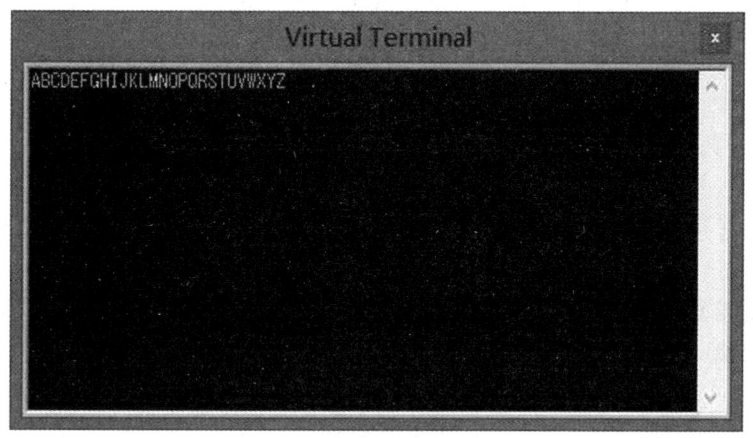

图 8.15 虚拟终端执行结果

运行结束时,不用单击虚拟终端显示面板右上角的关闭按钮,单击仿真进程控制中的"停止"按钮,虚拟终端面板会自动关闭,下次运行时会再次打开。如果关闭了虚拟终端面板,可以在调试菜单中选择"4. Virtual Terminal"打开。

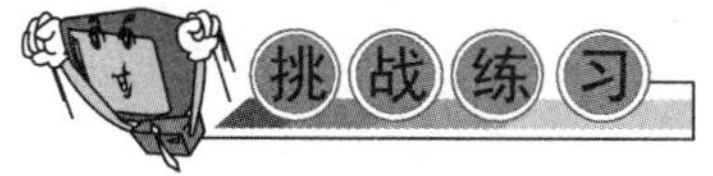

选用 8251 实现异步串行通信,向终端输出"Hello,World!"。

第 9 章　数模(D/A)和模数(A/D)转换

本章知识点

1. 数模转换及模数转换的相关概念及换算方法。

2. DAC0832 芯片、ADC0808 芯片各引脚功能及与 8086 CPU 地址、数据、控制引脚的连接方法。

3. DAC0832 芯片、ADC0808 芯片的编程流程及实现方法。

计算机在进行过程控制或数据采集时，经常遇到温度、压力、声音等连续变化的模拟量，因为计算机内部只能处理离散的数据量，所以要用数模(D/A)转换器或模数(A/D)转换器进行信号的转换。

本章将通过实例介绍数模转换器 DAC0832 和模数转换器 ADC0808 的应用。

9.1　数 模 转 换

DAC0832 是一种 8 位 D/A 转换器，可直接与 8086 的总线相连，下面介绍 DAC0832 的应用。

【实例要求】　选用 DAC0832 输出从 0 V 向 4.98 V 线性增长的周期性锯齿波，DAC0832 的端口地址为 50H。

图 9.1 是本例的 ISIS 电路连接图。

9.1.1　数模转换

计算机处理后的结果，要通过示波器显示波形，或对模拟信号设备进行控制时，需要进行数模转换。D/A 转换器是把输入的数字量转换为与输入量成比例的模拟信号的器件。

8 位 D/A 转换器 DAC0832 是电流输出型转换器，若要将输出电流转换成输出电压，可在 DAC0832 的输出端加一个运算放大器，和内部反馈电阻构成 I/V 转换电路。输出电压表达式为

$$V_{O} = -V_{R} \times \frac{\text{输入数字量}}{256}$$

其中，V_{O}为输出电压，V_{R}为参考电压。

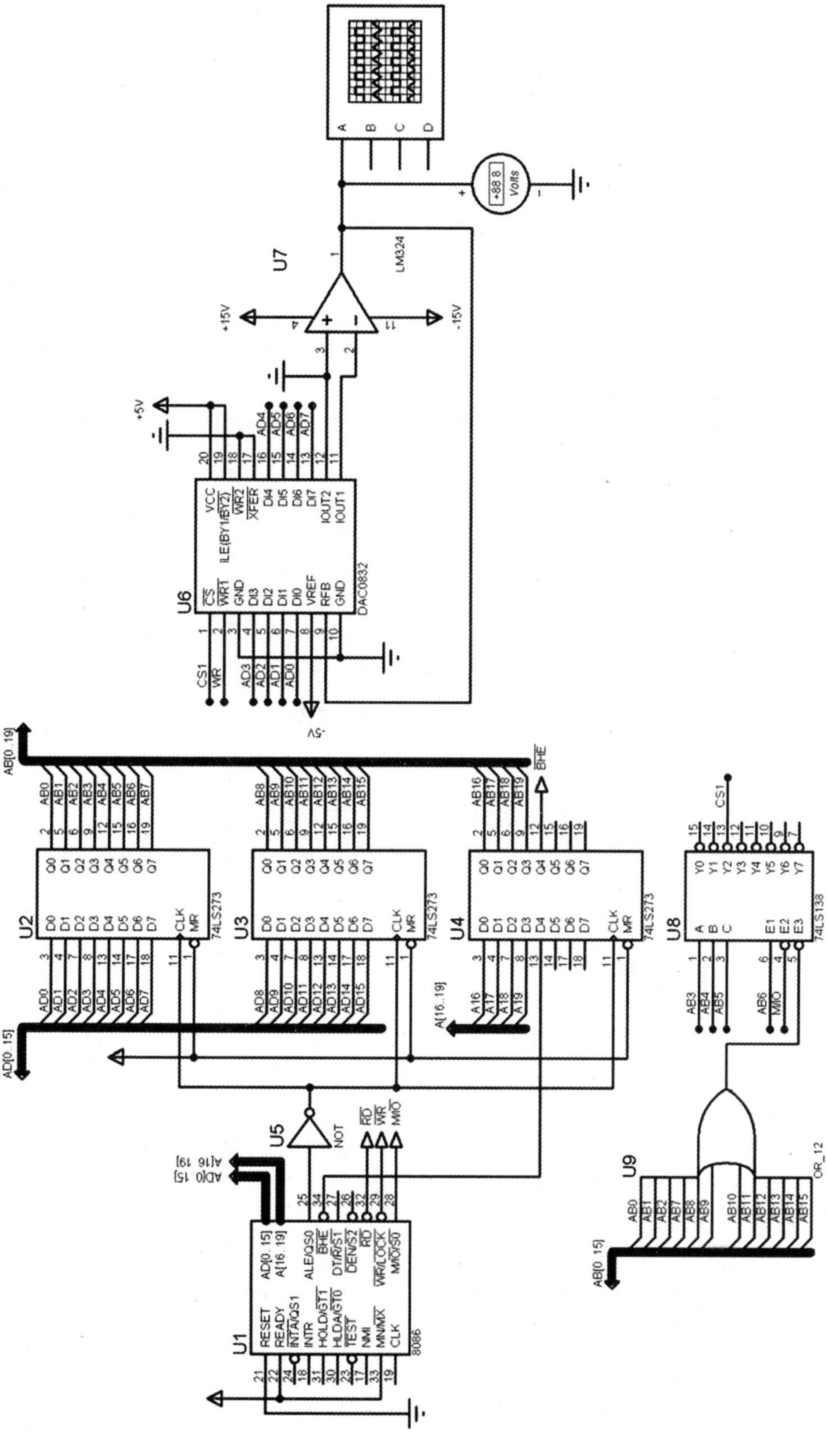

图 9.1 DAC0832 实例图

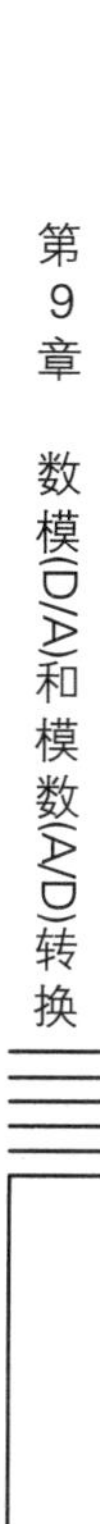

本例中,要求输出电压为0～4.98 V,8位输入数字量范围为0～255,代入上式求出参考电压 V_R 为－5 V。

9.1.2 连线

1. DAC0832

在 Proteus 元件库中找到 DAC0832 芯片,在图形编辑窗口中放置后,连接方法如图9.2所示。

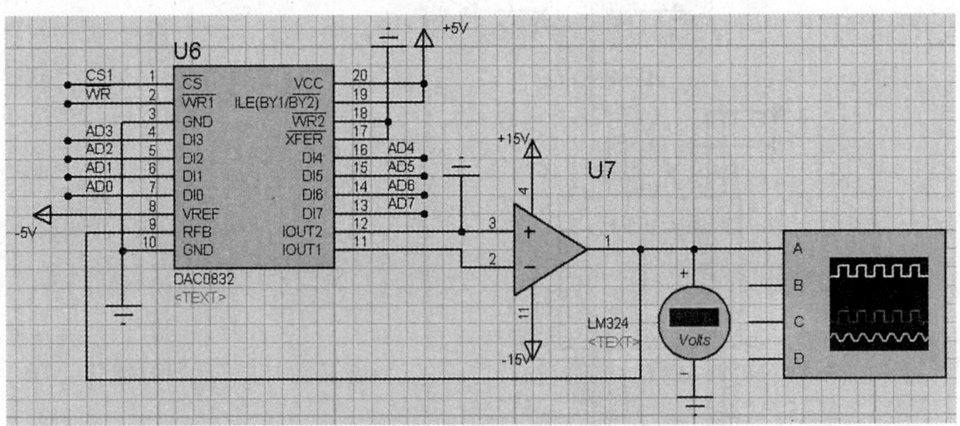

图9.2　DAC0832引脚连接图

(1) $\overline{\text{CS}}$

片选信号,输入,低电平有效。该引脚有效时芯片才能正常工作。

本例中,$\overline{\text{CS}}$引脚连接74LS138译码器送出的片选信号,标签名为"CS1"。

(2) $\overline{\text{WR1}}$

写输入寄存器允许信号,输入,低电平有效。$\overline{\text{WR1}}$引脚有效时,8位数字量可以通过DI引脚写入输入寄存器。

本例中,$\overline{\text{WR1}}$引脚接8086 CPU的$\overline{\text{WR}}$引脚,标签名为"WR"。

DAC0832内部有两个寄存器,即输入寄存器和DAC寄存器,数据流向为DI引脚→输入寄存器→DAC寄存器→D/A转换器→IOUT1、IOUT2。

(3) GND

地线,输入,其中3号GND引脚为模拟地,10号GND引脚为数字地。

本例中,两个GND引脚并接接地(GROUND)。

(4) DI0～DI7

8个数据输入引脚,用于和CPU传送数据。

本例中,分别通过标签连接到低8位数据总线,标签名为"AD0～AD7"。

(5) VREF

参考电压,输入。

本例中,接－5 V电源(POWER)。添加电源时,默认电压值为+5 V无标签显示,需双击电源打开编辑终端标签对话框，在标号栏中写入“－5 V”，显示效果如图 9.3 所示。

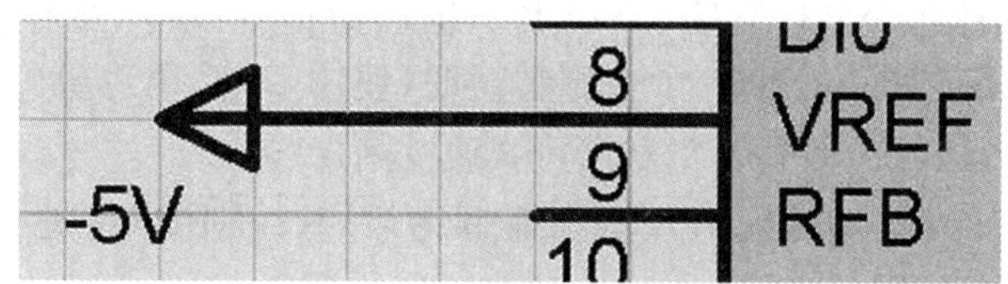

图 9.3　VREF 引脚连接图

(6) RFB

片内反馈电阻信号，输入。

本例中，与运算放大器配合构成 I/V 转换电路。

(7) VCC

工作电压，输入。

本例中，接＋5 V 电源(POWER)。

(8) ILE

输入锁存允许信号，输入，高电平有效。该引脚有效时，输入寄存器内容锁存。

本例中，ILE 引脚并接到 VCC 引脚接＋5 V 电源。

(9) $\overline{\text{WR2}}$

写 DAC 寄存器允许信号，输入，低电平有效。$\overline{\text{WR2}}$和$\overline{\text{XFER}}$引脚同时有效时，输入寄存器内容可以写入 DAC 寄存器。

本例中，$\overline{\text{WR2}}$引脚接地(GROUND)。

(10) $\overline{\text{XFER}}$

传输控制允许信号，输入，低电平有效。

本例中，该引脚并接到$\overline{\text{WR2}}$引脚接地，如图 9.4 所示。

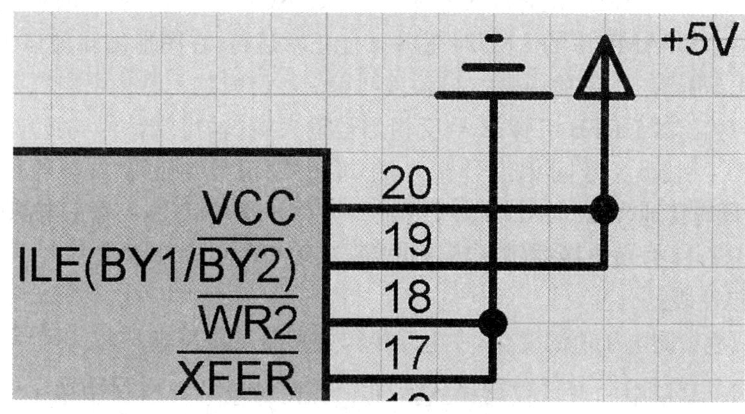

图 9.4　$\overline{\text{XFER}}$引脚连接图

DAC0832 有 3 种工作方式：

① 直通方式，$\overline{\text{CS}}$、$\overline{\text{WR1}}$、$\overline{\text{WR2}}$、$\overline{\text{XFER}}$全接地，数据一旦到达直接转换。

② 单缓冲方式，$\overline{CS}$、$\overline{WR1}$接控制信号，$\overline{WR2}$、$\overline{XFER}$接地，输入寄存器需选通，DAC寄存器直通。

③ 双缓冲方式，$\overline{CS}$、$\overline{WR1}$、$\overline{WR2}$、$\overline{XFER}$全接控制信号，输入寄存器和 DAC 寄存器都要选通。双缓冲方式可以在前一个数据转换时（使用 DAC 寄存器）进行下一个数据的输入（使用输入寄存器），故比单缓冲方式转换速度高。

本例选择单缓冲方式，故$\overline{CS}$、$\overline{WR1}$接控制信号，$\overline{WR2}$、$\overline{XFER}$接地。

(11) IOUT1、IOUT2

互补的电流信号，输出。

本例中，为了输出模拟电压，与运算放大器配合构成 I/V 转换电路，如图 9.5 所示。图中元件包括运算放大器 LM324、直流电压表（DC VOLTMETER）、示波器（OSCILLOSCOPE）、电源（POWER）和地（GROUND）。

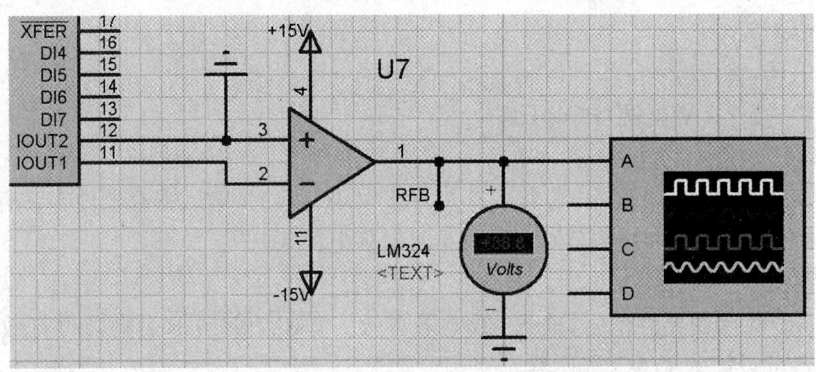

图 9.5　IOUT1、IOUT2 引脚连接图

① 运算放大器 LM324。

在 Proteus 元件库中找到 LM324 芯片，对应 3 个元件库 NATOA（国家半导体公司的运算放大器库）、OPAMP（运算放大器库）、TEXOAC1（德州仪器公司的运算放大器和比较器库），选择 OPAMP 库的 LM324 芯片才能正常运行，在图形编辑窗口中放置后，连接方法如图 9.5 所示。

1 号信号输出端接 RFB 引脚；2 号反相信号输入端（输出端信号与此输入端的相位相反）接 IOUT1 引脚；3 号同相信号输入端（输出端信号与此输入端的相位相同）接 IOUT2 引脚，同时接地（GROUND）；为了让芯片工作于最佳状态，4 号正电源端接 +15 V 电源（POWER），11 号负电源端接 -15 V 电源（POWER）。

② 直流电压表。

为了直观地检测电压值的变化，在电路中添加了直流电压表。

单击绘图工具栏中的虚拟仪器模式按钮，在对象选择窗口中单击“DC VOLTMETER”（直流电压表），在图形编辑窗口中放置后如图 9.5 所示。将直流电压表的正极连接到 LM324 的信号输出端，负极接地。

③ 示波器。

为了观测输出波形，在电路中添加了示波器。

单击绘图工具栏中的虚拟仪器模式按钮,在对象选择窗口中单击“OSCILLOSCOPE”(示波器),在图形编辑窗口中放置后如图 9.5 所示。将示波器的通道 A 连接到 LM324 的信号输出端。

2. 74LS138

在 Proteus 元件库中找到 74LS138 芯片,在图形编辑窗口中放置 1 片,连接方法如图 9.6 所示。

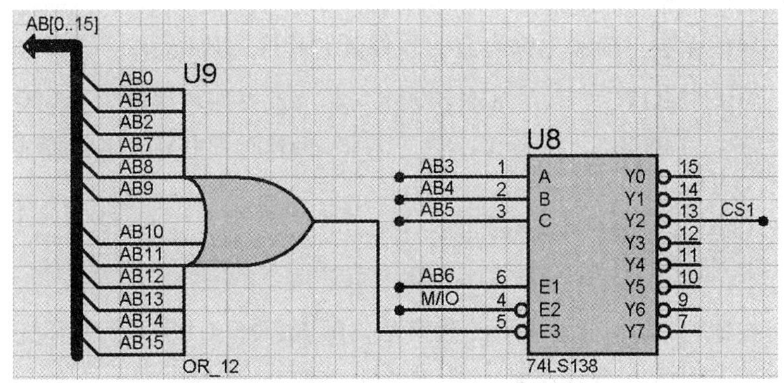

图 9.6　D/A 转换中 74LS138 引脚连接图

DAC0832 的端口地址为 50H,对应到地址线如图 9.7 所示。

A15	A14	A13	A12	A11	A10	A9	A8	A7	A6	A5	A4	A3	A2	A1	A0
0	0	0	0	0	0	0	0	0	1	0	1	0	0	0	0

图 9.7　DAC0832 地址范围

(1) C、B、A

选择 A5、A4、A3 连接 74LS138 的 C、B、A 引脚完成芯片选择,标签分别为“AB5”“AB4”“AB3”。选中 DAC0832 时 C、B、A 的组合为 010,$\overline{Y2}$为 0。

(2) E1、$\overline{E2}$、$\overline{E3}$

选择外设端口时,M/$\overline{IO}$为 0,剩余地址线中,A6 为 1,其余为 0。决定 AB6 接 E1,M/$\overline{IO}$接$\overline{E2}$(标签名为“M/IO”),AB0～AB2 及 AB7～AB15 通过 12 引脚或门(OR_12)接$\overline{E3}$。

(3) $\overline{Y2}$

选中 DAC0832 时,$\overline{Y2}$为 0,故选择$\overline{Y2}$连接 DAC0832 的$\overline{CS}$引脚,标签为“CS1”。

9.1.3　源程序

```
CODE      SEGMENT
          ASSUME    CS:CODE
START:    MOV       AL,0          ;设置初值 AL=0
```

```
AGAIN:   OUT     50H,AL      ;送入DAC0832的端口50H
         INC     AL          ;AL+1→AL
         JMP     AGAIN       ;循环输出AL,当AL=0FFH时,
                             ;AL+1=0,形成锯齿波
CODE     ENDS
         END     START
```

注意 在OUT指令后添加软件延时程序,可以使直流电压表显示的数字便于观察,但延时过长会导致无法正确输出锯齿波。软件延时程序的代码为

```
         MOV     CX,60000    ;设置循环次数为60000
LL:      LOOP    LL          ;延时60000个LOOP指令周期
```

9.1.4 调试运行

单击运行按钮,直流电压表显示的数字从+0.00到+4.98不断循环变化,如图9.8所示。同时示波器的通道A显示锯齿波,如图9.9所示,结果正确。

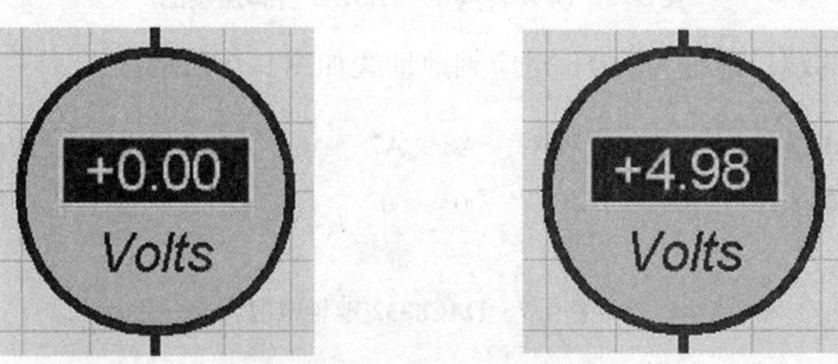

图9.8 直流电压表显示结果

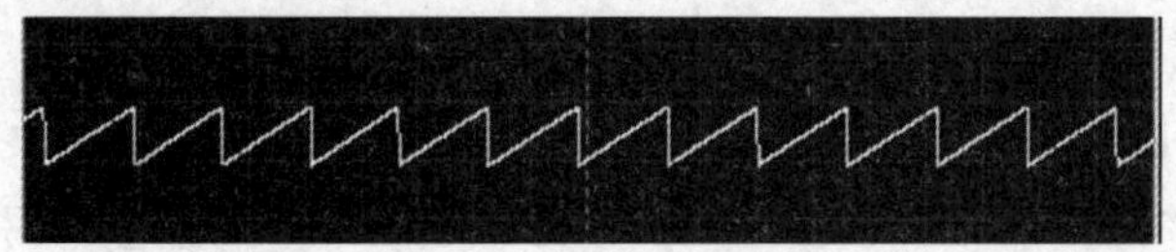

图9.9 通道A显示波形

在示波器显示面板上,Channel A(通道A)设置的默认数值为"5",即纵向每个格代表5 V;Horizontal(水平方向)设置的默认数值为"1m",即横向每个格代表1 ms,如图9.10所示。

将Channel A(通道A)的数值通过粗调旋钮设置为"50m",即纵向每个格代表50 mV;Horizontal(水平方向)的数值通过粗调旋钮设置为"20μ",即横向每个格代表20 μs,如图9.11所示。当纵向和横向都拉宽后,能明显看出波形上有许多台阶,即看起来连续的锯齿波其实是由不连续的电压值形成的。

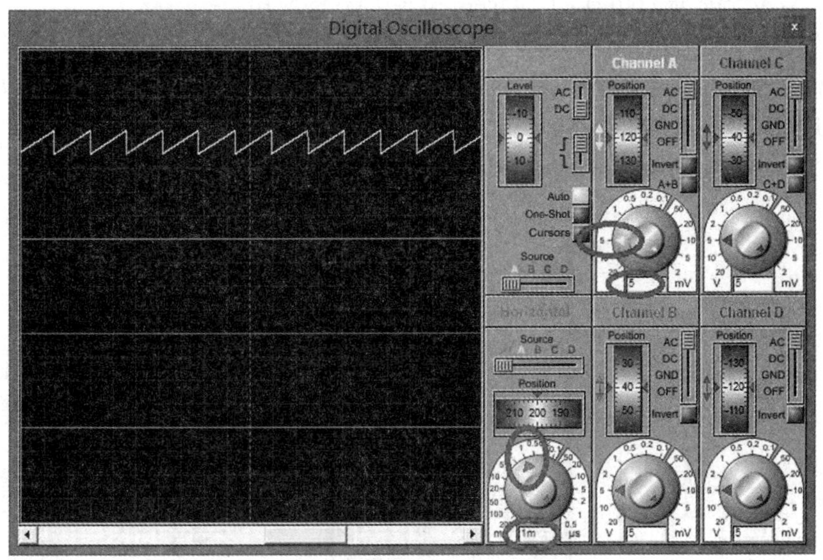

图 9.10　示波器默认设置及波形

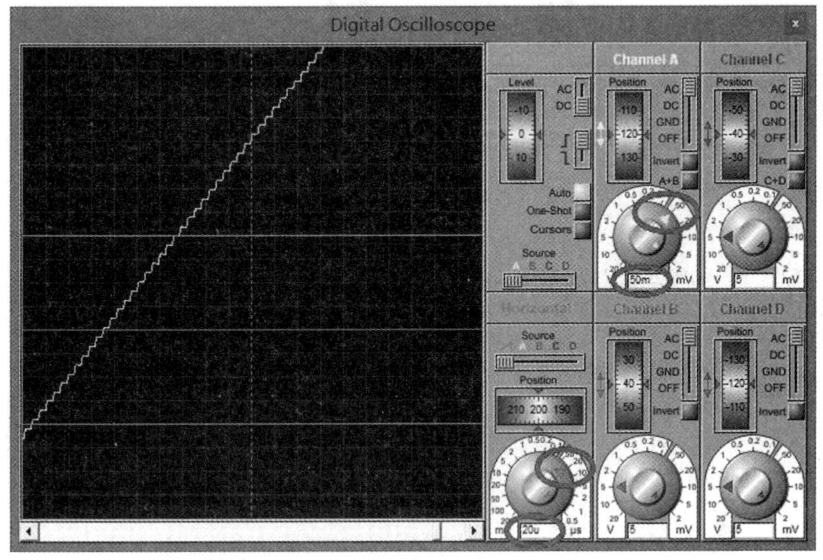

图 9.11　修改后的示波器设置及波形

9.2　模 数 转 换

ADC0809 是一种 8 通道 8 位的 A/D 转换器，ADC0808 是 ADC0809 的简化版，功能基本相同。实际中 ADC0809 较常用，但因 Proteus 元件库中没有 ADC0809 的模型，所以使用 ADC0808 进行仿真，下面介绍 ADC0808 的应用。

【实例要求】 选用 ADC0808 构成硬件电路，采集滑动变阻器的当前电压（0～+5 V），保存到 AL 寄存器中。ADC0808 的端口地址为 70H～77H，74LS244 的端口地址为 78H。

图 9.12 是本例的 ISIS 电路连接图。

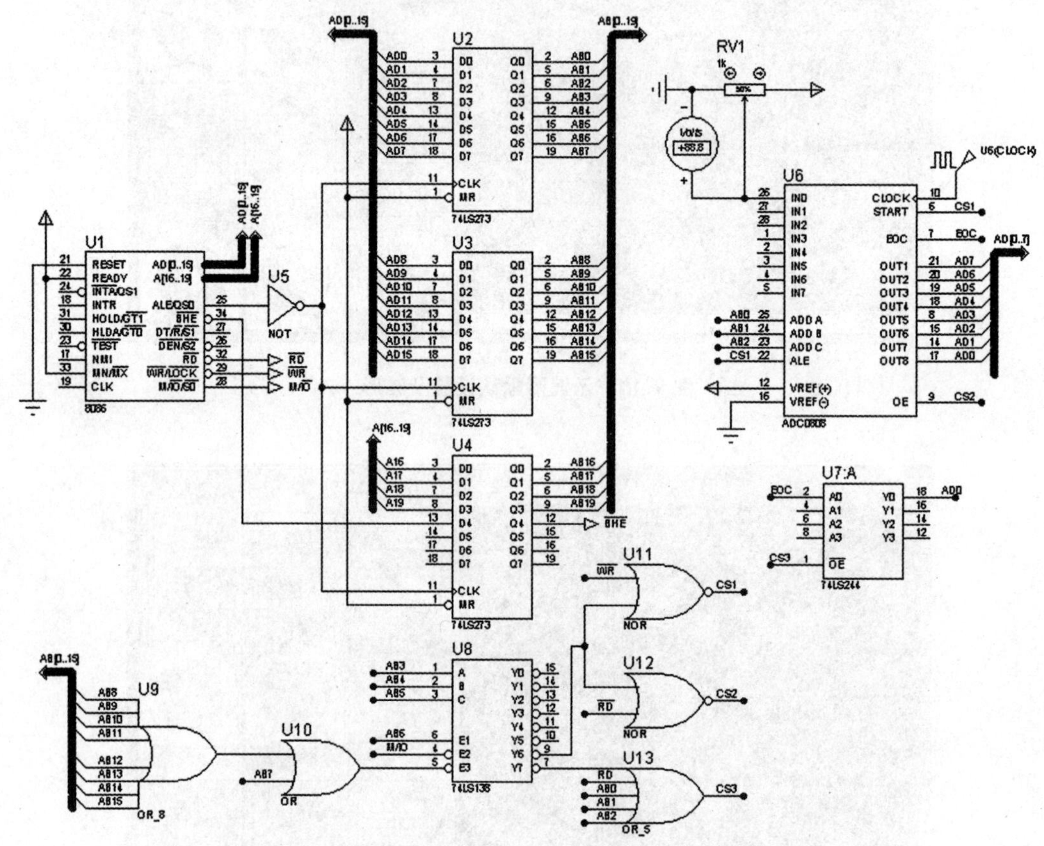

图 9.12 ADC0808 实例图

9.2.1 模数转换

计算机从外部采集到的模拟信号，需要通过模数转换成数字量后，才能送入计算机内部进行处理。A/D 转换器是通过逐次逼近法将输入电压转换为最接近的数字量的器件的。

ADC0808 为 8 通道 8 位的 A/D 转换器，假设：

V_I：输入电压；

V_R：参考电压；

V_j：逐次比较的量化电压，$V_j = V_R \times 2^{-j}$，$j = 1 \sim 8$；

V_C：最终计算结果，初值为 0。

比较过程如下(需重复 8 次):

$V_c + V_i < V_I$,则 $V_C = V_c + V_j$,当前位的数字为 1;

$V_c + V_i > V_I$,则 V_C不变,当前位的数字为 0。

本例中,参考电压为 +5 V,若滑动变阻器的当前电压为 +3 V,3 的转化过程为

$2.5\times1+1.25\times0+0.625\times0+0.3125\times1+0.15625\times1+0.078125\times0+0.0390625\times0+0.01953125\times1=2.98828125$

对应的数字量为 10011001,即 99H。

9.2.2 连线

1. ADC0808

在 Proteus 元件库中找到 ADC0808 芯片,对应 2 个元件库 ANALOG(模拟集成电路库)和 NATDAC(国家半导体公司的数字采样器件库),选择 ANALOG 库的 ADC0808 芯片才能正常运行,在图形编辑窗口中放置后,连接方法如图 9.13 所示。

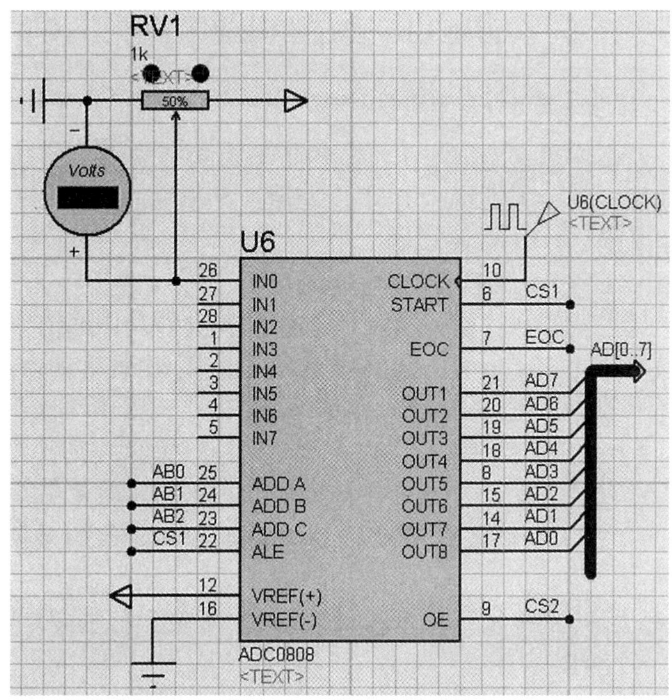

图 9.13　ADC0808 引脚连接图

(1) IN0

IN0～IN7 为 8 通道模拟量输入端。

本例中,选择 IN0 连接滑动变阻器,连接方法如图 9.14 所示。图中元件包括滑动变阻器 POT-HG、直流电压表(DC VOLTMETER)、电源(POWER)和地(GROUND)。

滑动变阻器的一端接电源(默认 +5 V),另一端接地,滑动端接 IN0 引脚。将鼠标放

在滑动变阻器上,变成手形指针时左键拖动,可改变其阻值(0～100%),即改变了 IN0 引脚的输入电压值(0～+5 V)。

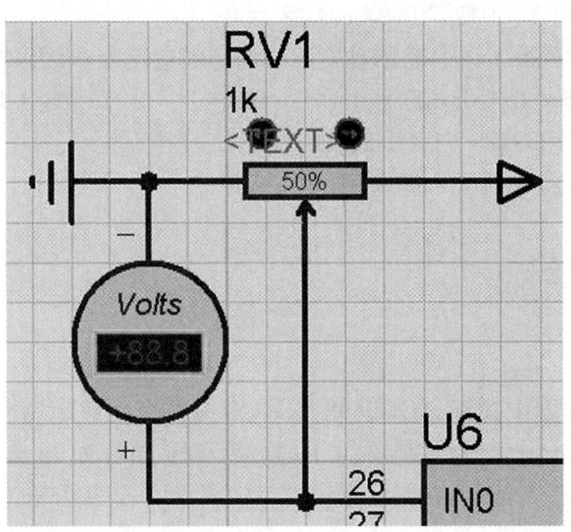

图 9.14 IN0 引脚连接图

电路中添加直流电压表可以直观地看到当前输入的电压值。放置直流电压表时,要注意正负极的连接,单击“对象方位控制”按钮栏中的“Y-镜像”按钮 ↕ ,使直流电压表垂直翻转,正极接 IN0 引脚,负极与滑动变阻器的一端并接地,否则显示的数字为 -5～0。

(2) ADD C、ADD B、ADD A

通道号选择信号,输入,000～111 对应 IN0～IN7。

本例中,选择 A2、A1、A0 连接 ADD C、ADD B、ADD A 引脚完成通道选择,标签分别为“AB2”“AB1”“AB0”。选中 IN0 时,ADD C、ADD B、ADD A 的组合为 000,对应的端口地址为 70H。

(3) ALE

通道号锁存允许信号,输入,高电平有效。该引脚有效时,ADD C、ADD B、ADD A 对应的通道号锁存。ALE 引脚常和 START 引脚并接,以保证 A/D 转换一开始,通道号即被锁存。

本例中,ALE 引脚连接 74LS138 译码器送出的片选信号,标签名为“CS1”。

(4) VREF(+)、VREF(-)

参考电压正端和负端,输入。

本例中,VREF(+)接电源(POWER,默认 +5 V)作为参考电压,VREF(-)接地(GROUND)。

(5) CLOCK

时钟信号,输入。CLOCK 的频率作为 ADC0808 的转换速率。

本例中,连接频率为 500 kHz 的时钟脉冲,连接方法如图 9.15 所示。

(6) START

转换启动信号,输入,高电平有效。该引脚有效时,A/D 转换开始。

本例中，START 引脚并接 ALE 引脚，标签名同为“CS1”。

通常用一条 OUT 指令启动 A/D 转换。如需启动端口地址为 70H 的通道 0 进行 A/D 转换，代码应为

```
OUT        70H,AL
```

其中 AL 不用定义数据，作用是通过对 70H 进行地址译码，选通 CS1 信号，使 START 引脚和 ALE 引脚变为高电平，以启动 A/D 转换和通道号锁存功能。

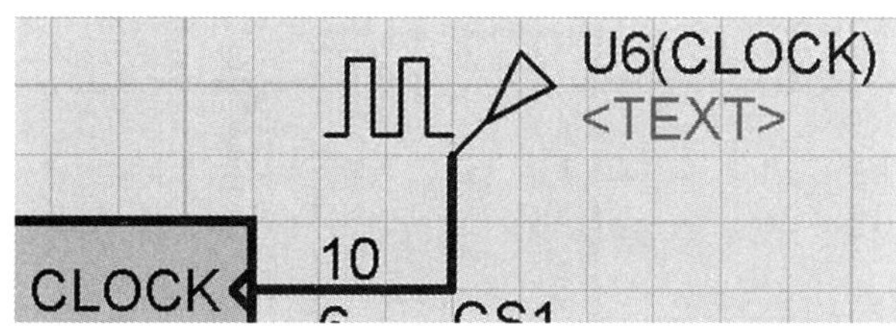

图 9.15　CLOCK 引脚连接图

(7) EOC

转换结束信号，输出。未转换时 EOC 引脚为高电平，转换开始 EOC 引脚变为低电平，转换结束 EOC 引脚变回高电平，可通过查询 EOC 引脚状态判断转换的开始与结束。

本例中，EOC 引脚连接 74LS244 的 A0 引脚，标签名为“EOC”。

(8) OUT1～OUT8

8 位数字量输出端，其中 OUT1 为最高位，OUT8 为最低位，用于和 CPU 传送数据。

本例中，通过终端法连接到低 8 位数据总线 AD[0..7]，OUT1 引脚的标签为“AD7”，OUT8 引脚的标签为“AD0”，其余类推，连接方法如图 9.16 所示。

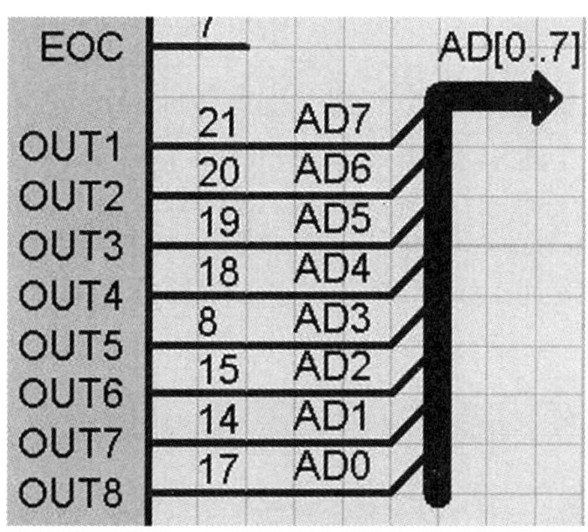

图 9.16　OUT 引脚连接图

(9) OE

输出允许信号，输入，高电平有效。该引脚有效时，转换后的数字量可从 OUT 端读出。

本例中，OE 引脚连接 74LS138 译码器送出的片选信号，标签名为“CS2”。

2. 74LS244

本例采用查询方式，在 A/D 转换过程中读出 EOC 状态，判断转换的开始与结束。

因 ADC0808 的 EOC 引脚没有端口地址，无法直接读取，故选用 8 位单向数据缓冲器 74LS244 保存该位 EOC 状态，Proteus 元件库中的 74LS244 简化为 2 个芯片 A 片和 B 片，分别进行 4 位数据传送。

在 Proteus 元件库中找到 74LS244 芯片，在图形编辑窗口中放置 1 片，连接方法如图 9.17 所示。

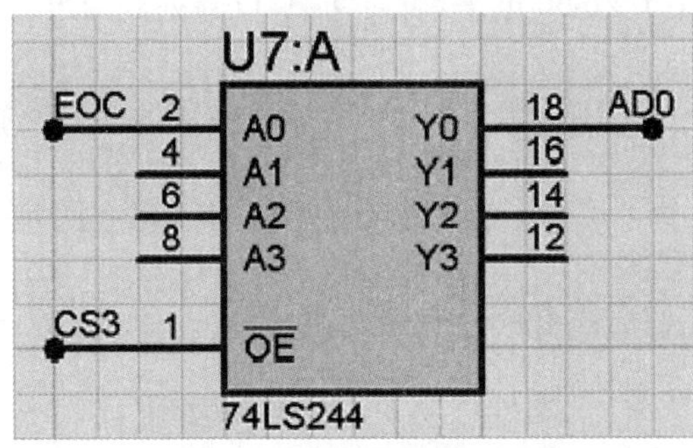

图 9.17　74LS244 引脚连接图

（1）A0

A0～A3 为 4 个数据输入引脚。

本例中，选择 A0 引脚连接 ADC0808 的 EOC 引脚，标签名为"EOC"。

（2）Y0

Y0～Y3 为 A0～A3 对应的 4 个数据输出引脚。

本例中，选择 Y0 引脚连接数据总线中的 AD0，供 CPU 查询 EOC 当前的状态，标签名为"AD0"。

（3）$\overline{OE}$

输出允许信号，输入，低电平有效。该引脚有效时 Ai 的数据从 Yi 输出。

本例中，$\overline{OE}$引脚连接 74LS138 译码器送出的片选信号，标签名为"CS3"。

3．74LS138

在 Proteus 元件库中找到 74LS138 芯片，在图形编辑窗口中放置 1 片，连接方法如图 9.18 所示。

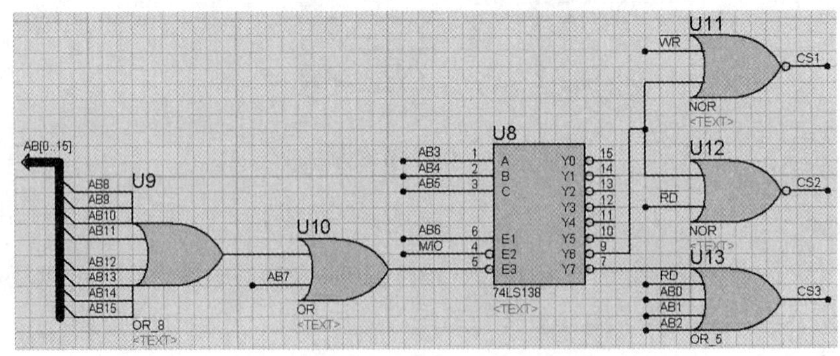

图 9.18　A/D 转换中 74LS138 引脚连接图

ADC0808 的端口地址为 70H～77H，74LS244 的端口地址为 78H，对应到地址线如图 9.19 所示。其中 A2、A1、A0 作为 ADC0808 的端口选择信号。

	A15	A14	A13	A12	A11	A10	A9	A8	A7	A6	A5	A4	A3	A2	A1	A0
ADC0808	0	0	0	0	0	0	0	0	0	1	1	1	0	0	0	0
														～1	1	1
74LS244	0	0	0	0	0	0	0	0	0	1	1	1	1	0	0	0

图 9.19　ADC0808 和 74LS244 地址范围

(1) C、B、A

选择 A5、A4、A3 连接 74LS138 的 C、B、A 引脚完成芯片选择，标签分别为“AB5”“AB4”“AB3”。选中 ADC0808 时，C、B、A 的组合为 110，$\overline{Y6}$为 0。选中 74LS244 时，C、B、A 的组合为 111，$\overline{Y7}$为 0。

(2) E1、$\overline{E2}$、$\overline{E3}$

选择外设端口时，M/$\overline{IO}$为 0，剩余地址线中 A6 为 1，AB7～AB15 为 0。决定 AB6 接 E1，M/$\overline{IO}$接$\overline{E2}$（标签名为“M/ IO ”）。因为 Proteus 元件库中没有 9 引脚或门，决定 AB8～AB15 先连接 8 引脚或门（OR_8），输出端再与 AB7 通过或门（OR）接$\overline{E3}$。

(3) $\overline{Y6}$

选中 ADC0808 时，$\overline{Y6}$为 0，因 ADC0808 没有片选引脚$\overline{CS}$，需将写信号$\overline{WR}$、读信号$\overline{RD}$与$\overline{Y6}$分别组合后连接到相关控制引脚上。

选择$\overline{Y6}$与$\overline{WR}$通过或非门（NOR）同时连接 ADC0808 的 ALE 和 START 引脚，标签为“CS1”。因 ALE 和 START 引脚都为高电平有效，故选择或非门而不是或门。

选择$\overline{Y6}$与$\overline{RD}$通过或非门（NOR）连接 ADC0808 的 OE 引脚，标签为“CS2”。OE 引脚也为高电平有效，故选择或非门。

(4) $\overline{Y7}$

选中 74LS244 时，$\overline{Y7}$为 0，A0～A2 也为 0，且 74LS244 为单向数据缓冲器，本例中只对其做读出 EOC 状态的操作，故选择将$\overline{Y7}$、$\overline{RD}$、AB0～AB2 通过 5 引脚或门（OR_5）连接 74LS244 的$\overline{OE}$引脚，标签为“CS3”。

9.2.3　源程序

```
CODE      SEGMENT
          ASSUME    CS:CODE
START:    OUT       70H,AL         ;启动 A/D 转换
AGAIN1:   IN        AL,78H         ;从 74LS244 的端口 78H 读入转换状态
          TEST      AL,01H         ;测试指令,AL 中除 D0 位外全清 0,
                                   ;不保存结果,只根据结果设置状态位
```

```
         JNZ     AGAIN1     ;若结果不为0(ZF=0),即D0(EOC)=1,
                            ;则转换未开始,循环等待
AGAIN2:  IN      AL,78H     ;EOC=0退出循环,转换开始,再次读入
                            ;74LS244端口78H的内容
         TEST    AL,01H     ;测试D0位(EOC)的值
         JZ      AGAIN2     ;若结果为0(ZF=1),即D0(EOC)=0,
                            ;则转换还未结束,循环等待
         IN      AL,70H     ;EOC=1退出循环,转换完成,
                            ;从ADC0808的通道0端口70H读入
                            ;转换后的内容
         INT     3          ;暂停
CODE     ENDS
         END     START
```


9.2.4 调试运行

① 将滑动变阻器的阻值设置为0,单击运行按钮,直流电压表显示的数字为0.00。单击暂停按钮,在调试菜单中选择"4. 8086 Registers-U1"(查看8086寄存器的值),AX=0000,即0 V对应的数字量为0,结果正确,如图9.20所示。

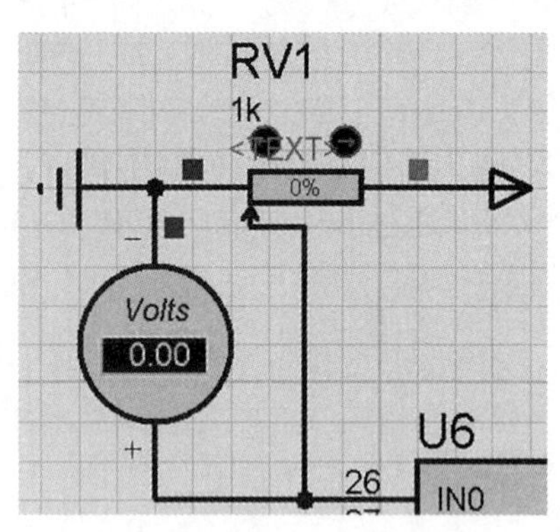

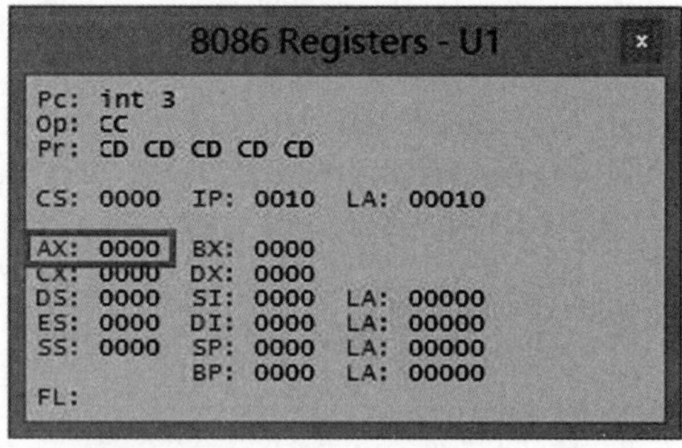

图9.20　0 V转换结果

② 将滑动变阻器的阻值设置为60%,单击运行按钮,直流电压表显示的数字为+3.00。单击暂停按钮,"8086 Registers-U1"对话框中AX=0099,即3 V对应的数字量为99H,结果正确,如图9.21所示。

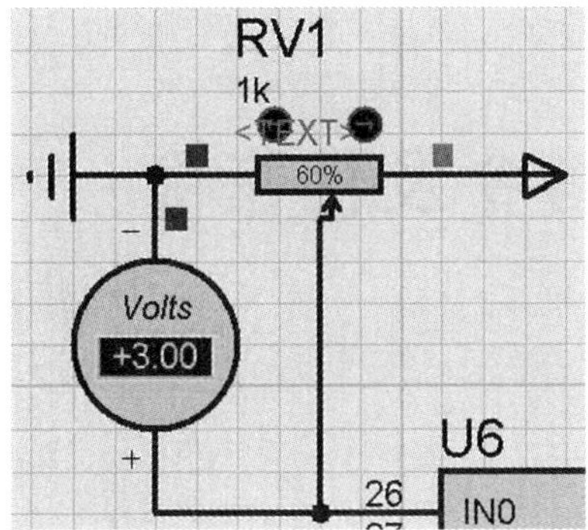

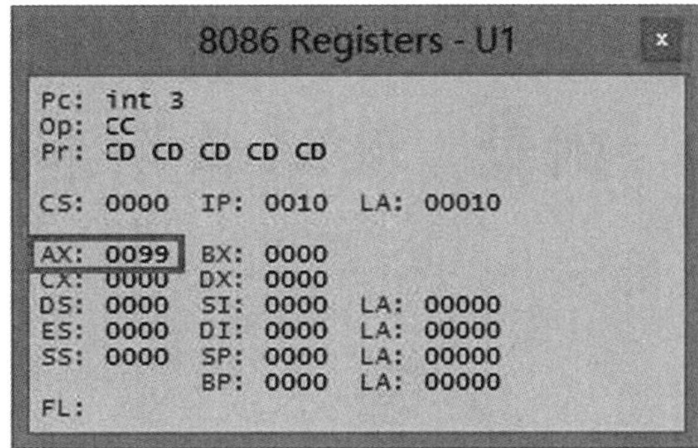

图 9.21　3 V 转换结果

③ 将滑动变阻器的阻值设置为 100%，单击运行按钮，直流电压表显示的数字为 +5.00。单击暂停按钮，“8086 Registers-U1”对话框中 AX = 00FF，即 5 V 对应的数字量为 FFH，结果正确，如图 9.22 所示。

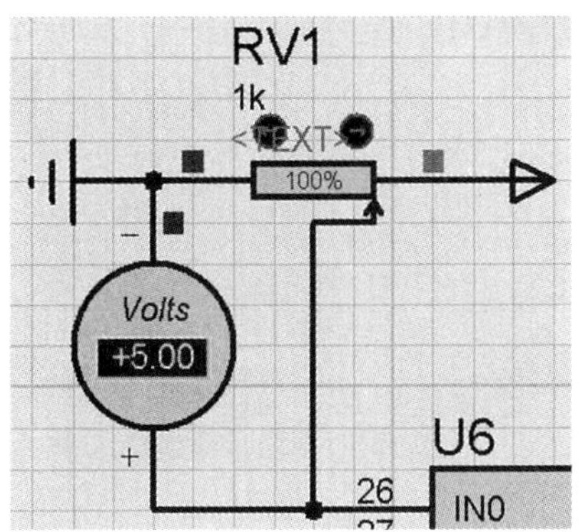

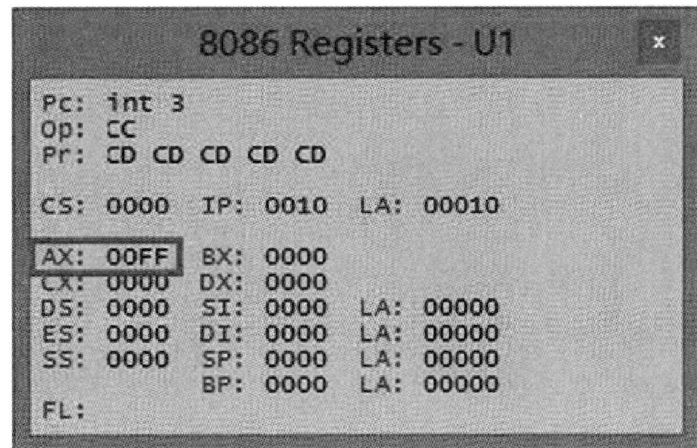

图 9.22　5 V 转换结果

1. 选用 DAC0832 输出在 0～4.98 V 范围内变化的周期性三角波。

2. 选用 ADC0808 连续采集滑动变阻器的当前电压(0～+5 V)，结果通过两位七段数码管显示。

附录　8086常用汇编指令及伪指令

F.1　数据传送指令

1. 传送指令

格式：

　　MOV　　d,s

操作：

d←s,其中d为目的操作数,s为源操作数。

2. 交换指令

格式：

　　XCHG　　op1,op2

操作：

op1←→op2

3. 堆栈操作指令

(1) 入栈指令

格式：

　　PUSH　　s

操作：

SP←SP－2

(SP＋1,SP)←s

(2) 出栈指令

格式：

　　POP　　d

操作：

d←(SP＋1,SP)

SP←SP＋2

4. 换码指令

格式：

　　XLAT

操作：

AL←(BX+AL)

5. 地址传送指令

格式：

LEA　　r,s

操作：

r←s 的偏移地址，其中 s 为存储单元，r 为寄存器。

6. I/O 指令

(1) 输入指令

格式：

IN　　AL/AX,PORT/DX

操作：

AL/AX←PORT/(DX)，PORT 为 8 位端口地址，DX 为 16 位端口地址。

(2) 输出指令

格式：

OUT　　PORT/DX,AL/AX

操作：

PORT/(DX)←AL/AX

F.2 算术运算指令

1. 加法指令

(1) 加法指令

格式：

ADD　　d,s

操作：

d←d+s

(2) 带进位加法指令

格式：

ADC　　d,s

操作：

d←d+s+CF

(3) 自增指令

格式：

INC　　op

操作：

op←op+1

2. 减法指令

(1) 减法指令

格式：

    SUB   d,s

操作：

d←d-s

(2) 带借位减法指令

格式：

    SBB   d,s

操作：

d←d-s-CF

(3) 比较指令

格式：

    CMP   op1,op2

操作：

op1-op2,不保留结果,只根据结果设置状态位。

(4) 自减指令

格式：

    DEC   op

操作：

op←op-1

(5) 取补(取负)指令

格式：

    NEG   op

操作：

op←0-op

3. 乘法指令

(1) 无符号乘指令

格式：

    MUL   s

操作：

字节:AX←AL×s。

字:(DX,AX)←AX×s。

(2) 带符号乘指令

格式：

    IMUL   s

操作：

同 MUL。

4. 除法指令

(1) 无符号除指令

格式：

DIV　　s

操作：

字节：AX/s，商→AL，余数→AH。

字：(DX，AX)/s，商→AX，余数→DX。

(2) 带符号除指令

格式：

IDIV　　s

操作：

同 DIV，余数符号同被除数。

F.3　逻辑运算和移位指令

1. 逻辑运算指令

(1) 逻辑与指令

格式：

AND　　d，s

操作：

d←d∧s

(2) 测试指令

格式：

TEST　　op1，op2

操作：

op1∧op2，不保留结果，只根据结果设置状态位。

(3) 逻辑或指令

格式：

OR　　d，s

操作：

d←d∨s

(4) 逻辑异或指令

格式：

XOR　　d，s

操作：

d←d⊕s

(5) 逻辑非指令

格式：

    NOT   op

操作：

$\overline{op}$→op

2. 移位指令

(1) 非循环移位指令

① 逻辑左移指令。

格式：

    SHL   d,1/CL

操作：

按位左移,最高位移入 CF 位,最低位清 0,用于无符号数移位。

注意　移位次数大于 1 次需放入 CL 中。

② 逻辑右移指令。

格式：

    SHR   d,1/CL

操作：

按位右移,最高位清 0,最低位移入 CF 位,用于无符号数移位。

③ 算数左移指令。

格式：

    SAL   d,1/CL

操作：

同 SHL,用于带符号数移位。

④ 算术右移指令。

格式：

    SAR   d,1/CL

操作：

按位右移,最高符号位保留,最低位移入 CF 位,用于带符号数移位。

(2) 循环移位指令

① 不带进位循环左移指令。

格式：

    ROL   d,1/CL

操作：

按位左移,最高位移入 CF 位,同时移入最低位。

② 不带进位循环右移指令。

格式：

    ROR   d,1/CL

操作：

按位右移，最低位移入 CF 位，同时移入最高位。

③ 带进位循环左移指令。

格式：

RCL d,1/CL

操作：

按位左移，最高位移入 CF 位，CF 位移入最低位。

④ 带进位循环右移指令。

格式：

RCR d,1/CL

操作：

按位右移，最低位移入 CF 位，CF 位移入最高位。

F.4 程序控制指令

1. 无条件转移指令

格式：

JMP label

操作：

直接跳转到 label 处。

2. 条件转移指令

满足条件则跳转到其后标号处，在以当前 IP 内容为中心的 -128～+127 范围内转移，不满足条件则顺序执行下一条指令。

(1) 以状态位为条件

```
JC/JNC      label       ;有/无进位则转移,CF=1/0
JZ/JNZ      label       ;结果为0/不为0则转移,ZF=1/0
JP/JNP      label       ;奇偶位为1/为0则转移,PF=1/0
JS/JNS      label       ;符号为负/为正则转移,SF=1/0
JO/JNO      label       ;结果溢出/无溢出则转移,OF=1/0
```

(2) 无符号数比较

```
JA/JNBE     label       ;高于/不低于或等于则转移
JAE/JNB     label       ;高于或等于/不低于则转移
JB/JNAE     label       ;低于/不高于或等于则转移
JBE/JNA     label       ;低于或等于/不高于则转移
```

(3) 带符号数比较

```
JG/JNLE     label       ;大于/不小于或等于则转移
```

```
JGE/JNL    label        ;大于或等于/不小于则转移
JL/JNGE    label        ;小于/不大于或等于则转移
JLE/JNG    label        ;小于或等于/不大于则转移
```

3. 循环控制指令

(1) 循环指令

格式：

```
    LOOP        label
```

操作：

CX－1→CX，若 CX≠0，则跳转到 label 处。

(2) 相等/为零循环指令

格式：

```
    LOOPZ        label
```

操作：

CX－1→CX，若 CX≠0 且 ZF＝1，则跳转到 label 处。

(3) 不相等/不为零循环指令

格式：

```
    LOOPNZ        label
```

操作：

CX－1→CX，若 CX≠0 且 ZF＝0，则跳转到 label 处。

F.5 伪 指 令

1. 源程序结构

被处理的数据用变量定义后设置在数据段，程序设置在代码段。

2. 语句类型及格式

(1) 指令

格式：

[标号:] 操作码 [操作数][,操作数…][;注释]

例如，START: MOV   AX,0   ;AX＝0

(2) 伪指令

格式：

[名字] 伪操作 [操作数][,操作数…]

例如，AREA1   DB   11H,22H,33H

3. 段定义伪指令

```
段名    SEGMENT
    …
```

段名　　ENDS

4. 设定段寄存器伪指令

格式：

ASSUME　段寄存器名:段名[,段寄存器名:段名…]

5. 变量定义伪指令

格式：

[变量名]　[伪操作]　[操作数][,操作数…]

其中,伪操作类型:定义字节 DB、定义字 DW、定义双字 DD。

F.6　DOS 系统功能调用

DOS 系统功能调用可以实现设备管理、目录管理和文件管理等功能。

调用各种不同功能的子程序时,需先将功能号放在 AH 寄存器中,然后通过中断指令 INT 21H 实现。

常用功能号如下：

1 号功能调用　单字符输入,执行后 AL = 输入字符。

2 号功能调用　单字符输出(显示),执行前设置 DL = 输出字符。

9 号功能调用　字符串输出(显示),执行前先将待输出字符串通过变量定义设置在缓冲区中,以"$"作为字符串结束符,然后设置 DS:DX = 缓冲区首地址。

4CH 号功能调用　返回操作系统。例如：

```
MOV     AH,4CH
INT     21H
```

参考文献

[1] 周荷琴,冯焕清.微型计算机原理及接口技术[M].5版.合肥:中国科学技术大学出版社,2013.

[2] 胡建波.微机原理与接口技术实验:基于Proteus仿真[M].北京:机械工业出版社,2011.

[3] 沈美明,温冬婵.IBM-PC汇编语言程序设计[M].2版.北京:清华大学出版社,2001.

选题编辑：于文良　赵树祎

责任编辑：薛文涛

封面设计：刘苏锐

资料下载网址：

http://pan.baidu.com/s/1bo2MM3l

定价：30.00元

安徽省高水平高职教材
普通高等学校数控类精品教材

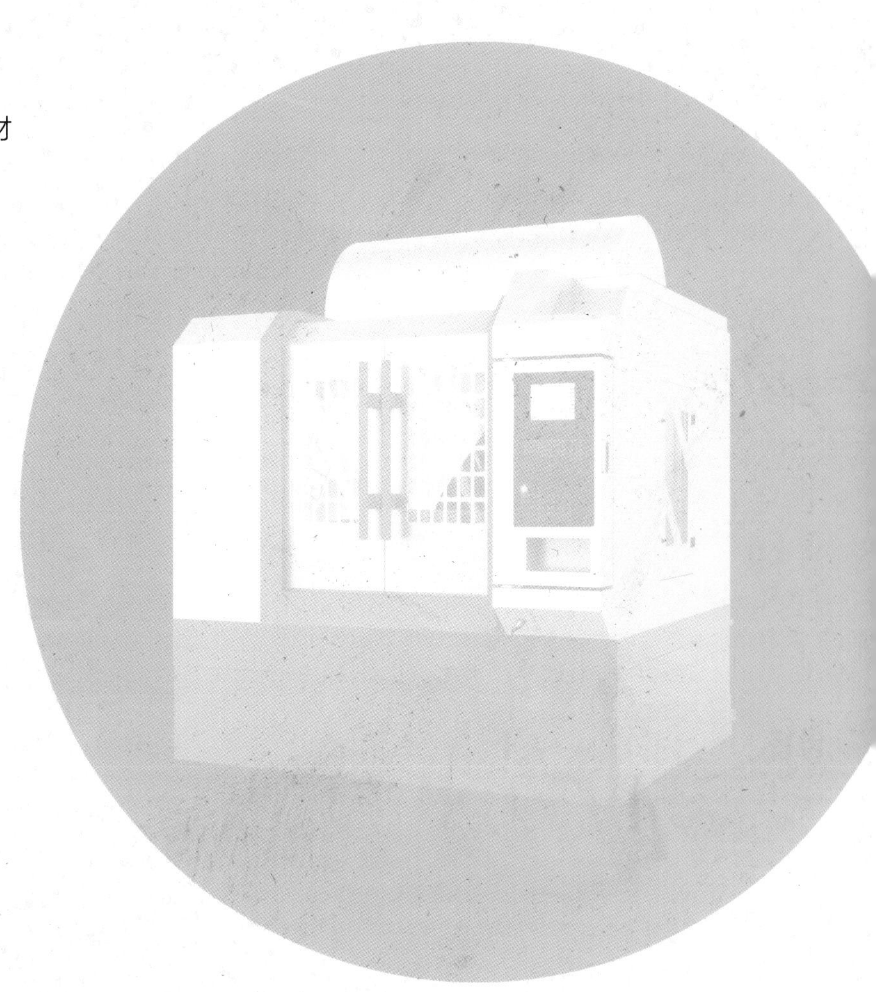

数控铣床（加工中心）编程与操作项目化教程

第2版

主编　杨　辉　张宣升

中国科学技术大学出版社